スバラシクよくわかると評判の

合格! 数学Ⅲ・C

Part1 新課程

馬場敬之
_{けい} _し

高杉 豊

MATHEMA

マセマ出版社

◆ はじめに ◆

　みなさん，こんにちは。マセマの**馬場敬之（ばばけいし）**です。これから，**数学 III・C** の講義を始めます。数学 III・C は，高校数学の中でも**最も思考力，応用力が試される**分野が目白押しなんだね。

　ここで，これから勉強する数学 III・C の**主要テーマ**をまず下に示しておこう。

$$\begin{cases} \text{・平面・空間ベクトル，複素数平面，式と曲線，数列の極限（数学 III・C Part1）} \\ \text{・関数の極限，微分法とその応用，積分法とその応用（数学 III・C Part2）} \end{cases}$$

　理系の受験では「**この数学 III・C を制する者は受験を制する！**」と言われる位，数学 III・C は重要な科目でもあるんだよ。この数学 III・C を基本から標準入試問題レベルまでスバラシク親切に解説するため，毎日検討を重ねてこの「**合格！数学 III・C Part1 新課程**」を書き上げたんだね。

　この本では，基本から応用へ，単純な解法パターンから複雑な解法パターンへと段階を踏みながら，**体系立った分かりやすい解説**で，無理なくスムーズに実力アップが図れるようにしている。また，例題や演習問題は**選りすぐりの良問**ばかりなので，繰り返し解くことにより本物の実力が養えるはずだ。さらに他の参考書にない**オリジナルな解法や決め技**など，豊富な図解とグラフ，それに引き込み線などを使って，丁寧に解説している。

　今は難解に思える数学 III・C でも，本書で体系立ててきちんと勉強していけば，誰でも**短期間に合格できる**だけの実践力を身につけることが出来るんだね。

　本書の利用法として，まず本書の「**流し読み**」から入ってみるといい。よく分からないところがあってもかまわないから，全体を通し読みしてみることだ。これで，数学 III・C の全貌がスムーズに頭の中に入ってくるはずだ。その後は，各章の解説文を「**精読**」してシッカリ理解することだね。そして，自信がついたら，今度は精選された"**例題**"や"**演習問題**"を「**自力で解き**」，さらに納得がいくまで「**繰り返し解いて**」，マスターしていけばいいんだよ。この「**反復練習**」により，本物の数学的な思考力が養えて，これまで難攻不落に思えた本格的な数学 III・C の受験問題も，面白いように解けるようになるんだよ。頑張ろうね！

以上，本書の利用方法をもう一度ここにまとめておこう。

（I）まず，流し読みする。

（II）解説文を精読する。

（III）問題を自力で解く。

（IV）繰り返し自力で解く。

この 4 つのステップに従えば，数学 III・C の基本から本格的な応用まで完璧にマスターできるはずだ。

この「合格！数学 III・C Part1 新課程」は，教科書はこなせるけれど受験問題はまだ難しいという，**偏差値 50 前後の人達を対象にしている**。そして，この「合格！数学 III・C Part1 新課程」をマスターすれば，**偏差値を 65 位にまでアップさせる**ことを想定して，作っているんだね。つまりこれで，難関大を除くほとんどの**主要な国公立大，有名私立大にも合格できる**ということだ。どう？やる気が湧いてきたでしょう。

さらに，マセマでは，**数学アレルギーレベルから東大・京大レベルまで**，キミ達の実力を無理なくステップアップさせる**完璧なシステム（マセマのサクセスロード）**が整っているので，やる気さえあれば，この後，「**実力アップ問題集**」シリーズやさらにその上の演習書までこなして，偏差値を**70 台にまで伸ばす**ことだって可能なんだね。どう？さらにやる気が出てきたでしょう。

マセマの参考書は非常に読みやすく分かりやすく書かれているけれど，その本質は，大学数学の分野で「**東大生が一番読んでいる参考書！**」として知られている程，**その内容は本格的な**ものなんだよ。

（「キャンパス・ゼミ」シリーズ販売実績は，2021 年度大学生協東京事業連合会調べによる。）

そして，「**本書がある限り，理系をあきらめる必要はまったくない！**」キミの多くの先輩たちが学んだ，この定評と実績のあるマセマの参考書で，今度はキミ自身の夢を実現させてほしいものだ。それが，ボク達マセマのスタッフの心からの願いなんだ。「**この本で，キミの夢は必ず叶うよ！**」

> マセマ代表　馬場 敬之（けいし）
> 　　　　　　高杉 豊

◆ 目 次 ◆

講義 Lecture ① 平面ベクトル（数学 C）

テーマ

▶ 平面ベクトル（分点公式，内積など）

▶ ベクトル方程式（円，直線，線分など）

講義① 平面ベクトル

さァ,これから"**合格!数学 III・C Part1**"の最初のテーマ"**平面ベクトル**"の講義に入ろう。この"**平面ベクトル**"をマスターすると,解ける平面図形の問題の幅が大きく広がって,さらに面白くなると思う。また,基本から応用レベルまでわかりやすく解説するつもりだ。

それではまず,"**平面ベクトル**"のメインテーマを下に書いておこう。

・分点公式(内分点,外分点),成分表示,内積
・ベクトル方程式(円,直線,線分,三角形)

§1. ベクトルとは,"大きさ"と"向き"をもった量だ!

● ベクトルの平行条件は $\vec{a} = k\vec{b}$ だ!

ベクトルとは,"**大きさ**"と"**向き**"をもった量のことで,たとえば,**始点 A** から**終点 B** に向かう矢印のついた線分(**有向線分**)でベクトルを表す。このベクトルを,$\overrightarrow{AB}$ または $\vec{a}$ などと表し,また,その大きさは $|\overrightarrow{AB}|$ や $|\vec{a}|$ などと表す。(図1 参照)

そして,大きさが 1 のベクトルを特に,"**単位ベクトル**"といい,一般に $\vec{e}$ で表す。また,特別な場合として,大きさが 0 のベクトルを"**零ベクトル**"と呼び,$\vec{0}$ で表す。

大きさと向きさえ同じであれば,平行移動しても同じベクトルなんだね。また,**ベクトルの実数倍**について説明する。図2 に,ベクトル $\vec{a}$ を実数 k 倍したベクトルを具体的に示す。k が負のとき,逆向きになり,特に $k = -1$ のときの $-\vec{a}$ を $\vec{a}$ の"**逆ベクトル**"と呼ぶ。また,$k = 0$ のとき,$0\vec{a} = \vec{0}$ となるのもいいね。

図1 ベクトル $\overrightarrow{AB}$

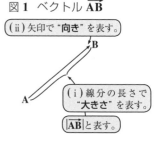

(ii) 矢印で"**向き**"を表す。

(i) 線分の長さで"**大きさ**"を表す。

$|\overrightarrow{AB}|$ と表す。

図2 ベクトルの実数倍 $k\vec{a}$

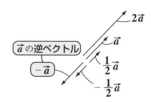

$2\vec{a}$

$\vec{a}$

$\vec{a}$ の逆ベクトル

$-\vec{a}$

$\frac{1}{2}\vec{a}$

$-\frac{1}{2}\vec{a}$

次に, $k=\dfrac{1}{|\vec{a}|}$ のとき, $\dfrac{1}{|\vec{a}|}\vec{a}=\dfrac{\vec{a}}{|\vec{a}|}=\vec{e}$ (単位ベクトル) になるのも大丈夫だね。$\vec{a}$ を自分自身の大きさ $|\vec{a}|$ で割ったら, 大きさ 1 の単位ベクトルになるからね。

次に, 2 つのベクトル $\vec{a}$ と $\vec{b}$ の平行条件を下に示す。

ベクトルの平行条件

(i) $\vec{a}/\!/\vec{b}$ (平行) となるための条件は,

$$\vec{a}=k\vec{b}$$

(k: 実数)

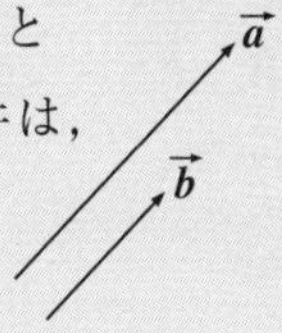

$\vec{a}/\!/\vec{b}$ (平行) のとき, $\vec{b}$ を k 倍すれば必ず $\vec{a}$ と等しくなるはずだ!

(ii) 3 点 A, B, C が同一直線上に存在するための条件は,

$$\overrightarrow{AB}=k\overrightarrow{AC}$$

(k: 実数)

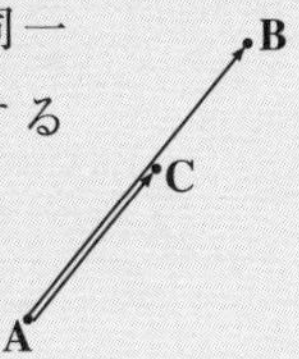

$\overrightarrow{AB}/\!/\overrightarrow{AC}$ (平行) でかつ点 A を共有しているから, 3 点 A, B, C は同一直線上にある。

● ベクトルの "まわり道の原理" を押さえよう!

2 つのベクトル $\vec{a}$ と $\vec{b}$ が図 3 のように与えられたとき, これらの和 $\vec{c}$ と差 $\vec{d}$ を,

これは $\vec{d}=\vec{a}+(-\vec{b})$, すなわち $\vec{a}$ と $-\vec{b}$ の和と考えるんだよ。

(i) $\vec{c}=\vec{a}+\vec{b}$ (ii) $\vec{d}=\vec{a}-\vec{b}$ で表す。

この $\vec{c}$ は, $\vec{a}$ と $\vec{b}$ を 2 辺とする平行四辺形の対角線を, また, $\vec{d}$ は $\vec{a}$ と $-\vec{b}$ を 2 辺とする平行四辺形の対角線を有向線分とするベクトルになるんだね。

このベクトルの和は非常に面白い性質を示している。$\vec{b}$ は平行移動しても同じ $\vec{b}$ だから, 図 4 のように描くと, 始点から終点まで直線的に向かうものと, まわり道していくものとがベクトルでは同じと言っているんだね。

図 3 ベクトルの和・差

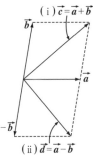

(i) $\vec{c}=\vec{a}+\vec{b}$

(ii) $\vec{d}=\vec{a}-\vec{b}$

図 4 まわり道しても同じ

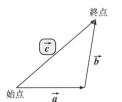

これから，$\overrightarrow{AB}$（A が始点，B が終点）について，次のような "まわり道の原理" が導かれる。

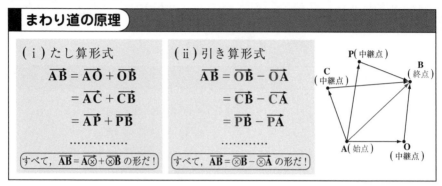

まわり道の原理

（ⅰ）たし算形式

$$\overrightarrow{AB} = \overrightarrow{AO} + \overrightarrow{OB}$$
$$= \overrightarrow{AC} + \overrightarrow{CB}$$
$$= \overrightarrow{AP} + \overrightarrow{PB}$$
……………

すべて，$\overrightarrow{AB} = \overrightarrow{A\otimes} + \overrightarrow{\otimes B}$ の形だ！

（ⅱ）引き算形式

$$\overrightarrow{AB} = \overrightarrow{OB} - \overrightarrow{OA}$$
$$= \overrightarrow{CB} - \overrightarrow{CA}$$
$$= \overrightarrow{PB} - \overrightarrow{PA}$$
…………

すべて，$\overrightarrow{AB} = \overrightarrow{\otimes B} - \overrightarrow{\otimes A}$ の形だ！

ベクトルでは，A から B に直線的に向かうのは，中継点 O を経ていく
たし算形式のまわり道の原理　$\overrightarrow{AO}$ の逆ベクトル $\overrightarrow{OA}$ に $\ominus$ をつければ元の $\overrightarrow{AO}$ と同じだ
ものと同じだから，$\overrightarrow{AB} = \overrightarrow{AO} + \overrightarrow{OB}$ となる。ここで，$\overrightarrow{AO} = -\overrightarrow{OA}$ となる
引き算形式のまわり道の原理　反対の反対で元に戻る
ので，$\overrightarrow{AB} = -\overrightarrow{OA} + \overrightarrow{OB} = \overrightarrow{OB} - \overrightarrow{OA}$ となるんだ。他の中継点についても
同様だ。この "まわり道の原理" は式の変形にとても役に立つんだ。

以上で，ベクトルの実数倍と，和・差について話したから，これらを組
合わせたベクトルの式の変形をやっておこう。これは整式の変形と形式的
にはまったく同じだから，問題はないはずだ。

（例）$5(\vec{a} + 3\vec{b}) - 2(\vec{a} - 2\vec{b}) = (5 - 2)\vec{a} + (15 + 4)\vec{b} = 3\vec{a} + 19\vec{b}$
これは，$5(a + 3b) - 2(a - 2b) = 3a + 19b$ と同じだ！

一般に，$s\vec{a} + t\vec{b}$（s，t：実数）の形の式を $\vec{a}$ と
$\vec{b}$ の "1次結合" といい，$\vec{a}$ と $\vec{b}$ が平行でなく，か
つ $\vec{0}$ でもないならば，図5に示すように，この1
次結合の実数係数 s と t をいろいろ変化させること
により，$\vec{a}$ と $\vec{b}$ を含む平面上のすべての平面ベク
トルを表せる。ちなみに，$\vec{a} \neq \vec{0}$，$\vec{b} \neq \vec{0}$，$\vec{a} \not\parallel \vec{b}$ の
とき，$\vec{a}$ と $\vec{b}$ は "1次独立" という。これも覚え
ておくといい。

図5　ベクトルの1次結合

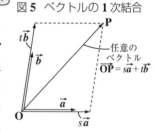

任意の
ベクトル
$\overrightarrow{OP} = s\vec{a} + t\vec{b}$

◆例題1◆

点 P が $\overrightarrow{PA} + 2\overrightarrow{PB} = \vec{0}$ をみたすとき，線分 AB に対して点 P はどのような点か。

解答

$-\overrightarrow{AP}$ ←[反対の反対]　$(\overrightarrow{AB} - \overrightarrow{AP})$ ←[まわり道の原理]

$\overrightarrow{PA} + 2\overrightarrow{PB} = \vec{0}$ ……① 　これを A を始点とするベクトルの式に書きかえ

ると，

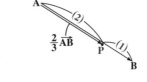

$-\overrightarrow{AP} + 2(\overrightarrow{AB} - \overrightarrow{AP}) = \vec{0}$

$2\overrightarrow{AB} - 3\overrightarrow{AP} = \vec{0}$

$3\overrightarrow{AP} = 2\overrightarrow{AB}$ 　∴ $\overrightarrow{AP} = \dfrac{2}{3}\overrightarrow{AB}$

ゆえに，点 P は線分 AB を 2:1 に内分する点である。………………(答)

● 　一気に内分点・外分点の公式をマスターしよう！

前の例題で内分点の問題が出てきたけれど，一般に内分点の問題は次の公式を使って解くんだね。

■ 内分点の公式

(i) 点 P が線分 AB を $m:n$ に内分するとき，

$$\overrightarrow{OP} = \frac{n\overrightarrow{OA} + m\overrightarrow{OB}}{m+n}$$

← m, n や，$t, 1-t$ は $\overrightarrow{OA}, \overrightarrow{OB}$ にたすきがけの形でかかる！

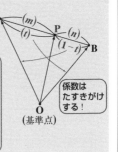

(ii) 点 P が線分 AB を $t:1-t$ に内分するとき

$$\overrightarrow{OP} = (1-t)\overrightarrow{OA} + t\overrightarrow{OB}$$

[これだと，文字が m, n の2つでなく，t 1つで表せる！]

$(0 < t < 1)$

[たして1]

$m:n$ の代わりに $t:1-t$ の形で比を表すこともできる。$3:2$ を $\dfrac{3}{5} : \dfrac{2}{5}$ と表すようなものだ！[たして1]

一般に，基準点 O からある点に向かうベクトルをその点の**位置ベクトル**という。今回のこの内分点の公式は，O を基準点とする位置ベクトルの形で表したものなんだ。シッカリ覚えよう。

　ここで，例題 1 を内分点の公式で解き直してみよう。

$$\overrightarrow{PA} + 2\overrightarrow{PB} = \vec{0} \quad \cdots\cdots ①$$

これを O を始点とする位置ベクトルで書きかえると，

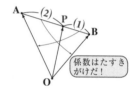

引き算形式のまわり道だ！

$$\overrightarrow{OA} - \overrightarrow{OP} + 2(\overrightarrow{OB} - \overrightarrow{OP}) = \vec{0}$$

$$\overrightarrow{OA} + 2\overrightarrow{OB} - 3\overrightarrow{OP} = \vec{0}$$

$$\boxed{\overrightarrow{OP} = \dfrac{n\overrightarrow{OA} + m\overrightarrow{OB}}{m + n}}$$

$$\overrightarrow{OP} = \dfrac{\overrightarrow{OA} + 2\overrightarrow{OB}}{3} = \dfrac{1 \cdot \overrightarrow{OA} + 2 \cdot \overrightarrow{OB}}{2 + 1}$$

よって，点 P は線分 AB を 2：1 に内分する点となって，同じ答えが求まった。

（ i ）の証明　　たし算形式のまわり道

$$\overrightarrow{OP} = \overrightarrow{OA} + \overrightarrow{AP}$$

引き算形式のまわり道

$$= \overrightarrow{OA} + \dfrac{m}{m+n}\overrightarrow{AB}$$

$$= \overrightarrow{OA} + \dfrac{m}{m+n}(\overrightarrow{OB} - \overrightarrow{OA})$$

$$= \left(1 - \underbrace{\dfrac{m}{m+n}}_{t}\right)\overrightarrow{OA} + \underbrace{\dfrac{m}{m+n}}_{t}\overrightarrow{OB}$$

$$= \dfrac{n}{m+n}\overrightarrow{OA} + \dfrac{m}{m+n}\overrightarrow{OB}$$

$$= \dfrac{n\overrightarrow{OA} + m\overrightarrow{OB}}{m+n} \quad となる。$$

（ ii ）は，（ i ）の証明の途中で

$$\dfrac{m}{m+n} = t \quad とおいたものだ。$$

係数はたすきがけだ！

特に，点 P が線分 AB の中点ならば $\overrightarrow{OP} = \dfrac{\overrightarrow{OA} + \overrightarrow{OB}}{2}$ となる。

　次に，外分点の公式を下に示そう。

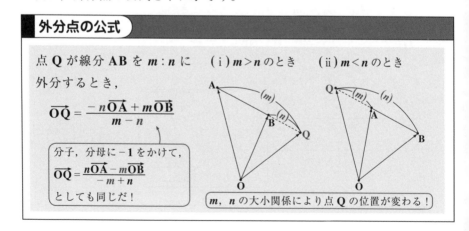

外分点の公式

点 Q が線分 AB を $m : n$ に外分するとき，

$$\overrightarrow{OQ} = \dfrac{-n\overrightarrow{OA} + m\overrightarrow{OB}}{m - n}$$

分子，分母に −1 をかけて，
$$\overrightarrow{OQ} = \dfrac{n\overrightarrow{OA} - m\overrightarrow{OB}}{-m + n}$$
としても同じだ！

（ i ）$m > n$ のとき　　（ ii ）$m < n$ のとき

m，n の大小関係により点 Q の位置が変わる！

◆ 例題 2 ◆

△ABC に対して，点 P が $\overrightarrow{PA} + 2\overrightarrow{PB} + 3\overrightarrow{PC} = \vec{0}$ をみたすとき，点 P はどのような点か。

解答

$\underset{-\overrightarrow{AP}}{\overrightarrow{PA}} + 2\underset{(\overrightarrow{AB}-\overrightarrow{AP})}{\overrightarrow{PB}} + 3\underset{(\overrightarrow{AC}-\overrightarrow{AP})}{\overrightarrow{PC}} = \vec{0}$ ← P を始点とするより，A を始点とした方がわかりやすい！

これを A を始点とするベクトルに書きかえて，

$-\overrightarrow{AP} + 2(\overrightarrow{AB} - \overrightarrow{AP}) + 3(\overrightarrow{AC} - \overrightarrow{AP}) = \vec{0}$

$2\overrightarrow{AB} + 3\overrightarrow{AC} - 6\overrightarrow{AP} = \vec{0}$

$\overrightarrow{AP} = \dfrac{2\overrightarrow{AB} + 3\overrightarrow{AC}}{6} = \dfrac{5}{6} \times \boxed{\dfrac{2\overrightarrow{AB} + 3\overrightarrow{AC}}{5}}$ ← $\overrightarrow{AD}$

$\therefore \overrightarrow{AD} = \dfrac{2\overrightarrow{AB} + 3\overrightarrow{AC}}{3 + 2}$ とおくと，$\overrightarrow{AP} = \dfrac{5}{6}\overrightarrow{AD}$

点 D は，BC を 3:2 に内分 　　 点 P は，AD を 5:1 に内分

以上より，線分 BC を 3:2 に内分する点を D とおくと，さらに，線分 AD を 5:1 に内分する点が，点 P である。……………………………(答)

三角形の重心 G に関する公式を次に示す。

△ABC の重心 G

△ABC の重心を G とおくと

$\overrightarrow{OG} = \dfrac{1}{3}(\overrightarrow{OA} + \overrightarrow{OB} + \overrightarrow{OC})$

$\overrightarrow{OG} = \dfrac{1 \cdot \overrightarrow{OA} + 2 \cdot \overset{\frac{1}{2}(\overrightarrow{OB} + \overrightarrow{OC})}{\overrightarrow{OD}}}{2 + 1}$ から導ける。

(i) O が A と一致するとき

$\overrightarrow{AG} = \dfrac{1}{3}(\overrightarrow{AB} + \overrightarrow{AC})$

$\overrightarrow{AG} = \dfrac{1}{3}(\underset{\vec{0}}{\overrightarrow{AA}} + \overrightarrow{AB} + \overrightarrow{AC})$

基準点 O はどこにあってもいいので，ベクトルの公式って様々な形に変化するんだね。面白い？

(ii) O が G と一致するとき

$\overrightarrow{GA} + \overrightarrow{GB} + \overrightarrow{GC} = \vec{0}$

$\underset{\vec{0}}{\overrightarrow{GG}} = \dfrac{1}{3}(\overrightarrow{GA} + \overrightarrow{GB} + \overrightarrow{GC})$

この両辺に 3 をかければいい。

● ベクトルの成分表示で計算の幅がさらに広がる！

ベクトル $\vec{a}$ は平行移動しても同じ $\vec{a}$ だから，この 始点を xy 座標平面の原点 O にもってきてもいいね。 このとき，終点の座標 (x_1, y_1) が定まるけれど，こ れを $\vec{a}$ の**成分**といい，$\vec{a} = (x_1, y_1)$ で表す。このとき 当然，三平方の定理より，$|\vec{a}| = \sqrt{x_1{}^2 + y_1{}^2}$ となる。

図6 ベクトルの成分 表示

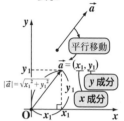

それでは，成分表示されたベクトルの計算公式を 下に書いておこう。

成分表示されたベクトルの計算

$\vec{a} = (x_1, y_1)$，$\vec{b} = (x_2, y_2)$ のとき，

(1) $\vec{a} \pm \vec{b} = (x_1, y_1) \pm (x_2, y_2) = (x_1 \pm x_2, y_1 \pm y_2)$
　→ x 成分同士，y 成分同士 をたす（引く）。

(2) $k\vec{a} = k(x_1, y_1) = (kx_1, ky_1)$ 　（k：実数）
　→ x，y 成分にそれぞれ実 数 k をかける！

したがって，$\overrightarrow{OA} = (2, -1)$，$\overrightarrow{OB} = (1, 1)$ のとき，
$\overrightarrow{AB} = \overrightarrow{OB} - \overrightarrow{OA} = (1, 1) - (2, -1) = (1 - 2, 1 - (-1)) = (-1, 2)$ より，
$|\overrightarrow{AB}|$ は $|\overrightarrow{AB}| = \sqrt{(-1)^2 + 2^2} = \sqrt{5}$ となるんだね。以上を公式としてまとめ ておく。

ベクトルの成分表示と大きさ

$\overrightarrow{OA} = (x_1, y_1)$，$\overrightarrow{OB} = (x_2, y_2)$ のとき，

(1) $|\overrightarrow{OA}| = \sqrt{x_1{}^2 + y_1{}^2}$ 　　(2) $|\overrightarrow{AB}| = \sqrt{(x_2 - x_1)^2 + (y_2 - y_1)^2}$

原点 O と点 A の間の距離と同じだ。　2 点 A，B 間の距離と同じだね。

● ベクトルの内積の定義を押さえよう！

ベクトルは，"大きさ" と "向き" をもった量なので，ベクトル同士の 積については，特に定義する必要があるんだね。この積を "**内積**" と呼び， その定義は次のようになる。

14

ベクトルの内積の定義

$\vec{a}$ と $\vec{b}$ の**内積**。これを $(\vec{a}, \vec{b})$ と表す場合もある。

内積 $\vec{a} \cdot \vec{b} = |\vec{a}||\vec{b}|\cos\theta$ （$\theta : \vec{a}$ と $\vec{b}$ のなす角）

長さ × 長さ ×$\cos\theta$ だから，これはベクトルではなくある数値だ！

$\vec{a}$ と $\vec{b}$ が垂直のとき，$\theta = 90°$ だから，当然 $\vec{a} \cdot \vec{b} = |\vec{a}||\vec{b}|\cos 90° = 0$ となる。また，$\vec{b} = \vec{a}$ のとき，$\theta = 0°$ だから，$\vec{a} \cdot \vec{a} = |\vec{a}||\vec{a}|\cos 0° = |\vec{a}|^2$ だね。

（ⅰ）$\vec{a} \perp \vec{b}$（垂直）のとき，$\vec{a} \cdot \vec{b} = 0$ ← これは，$\vec{a}$ と $\vec{b}$ の直交条件だ。　（ⅱ）$\vec{a} \cdot \vec{a} = |\vec{a}|^2$

また，ベクトルの内積の演算は整式の展開と同様にできる。

（例）　(1) $(2\vec{a} + \vec{b}) \cdot (\vec{a} - 3\vec{b}) = 2|\vec{a}|^2 - 5\vec{a} \cdot \vec{b} - 3|\vec{b}|^2$

これは，$(2a + b)(a - 3b) = 2a^2 - 5ab - 3b^2$ と同じだ！

　　　　(2) $|\vec{a} - 2\vec{b}|^2 = |\vec{a}|^2 - 4\vec{a} \cdot \vec{b} + 4|\vec{b}|^2$

これは，$(a - 2b)^2 = a^2 - 4ab + 4b^2$ と同じだ！

(2) から，$|$ベクトルの式$|$ がきたら，2 乗して展開できることを覚えておこう。これは，式の変形でとても重要な役割を演ずるからだ。

さらに，ベクトルが成分表示された場合の内積の公式も重要だ。

内積の成分表示

$\vec{a} = (x_1, y_1)$，$\vec{b} = (x_2, y_2)$ のとき，

(1) $\boxed{\vec{a} \cdot \vec{b} = x_1 x_2 + y_1 y_2}$ ← 重要公式

(2) $\vec{a} \cdot \vec{b} = |\vec{a}||\vec{b}|\cos\theta$ より，

$$\cos\theta = \frac{\vec{a} \cdot \vec{b}}{|\vec{a}||\vec{b}|} = \frac{x_1 x_2 + y_1 y_2}{\sqrt{x_1{}^2 + y_1{}^2}\sqrt{x_2{}^2 + y_2{}^2}}$$

成分表示された $\vec{a}$ と $\vec{b}$ のなす角 θ の $\cos$ は，この公式で計算できる。

これは，余弦定理

$$|\vec{a} - \vec{b}|^2 = |\vec{a}|^2 + |\vec{b}|^2 - 2\underbrace{|\vec{a}||\vec{b}|\cos\theta}_{\vec{a} \cdot \vec{b}}$$

$$\underbrace{(x_1 - x_2)^2 + (y_1 - y_2)^2}$$
$$= x_1{}^2 + y_1{}^2 + x_2{}^2 + y_2{}^2 - 2\vec{a} \cdot \vec{b}$$

これから $\vec{a} \cdot \vec{b} = x_1 x_2 + y_1 y_2$ が導ける。

分点公式と三角形の面積

k を正の実数とする。点 P は△ABC の内部にあり，
$k\overrightarrow{AP}+5\overrightarrow{BP}+3\overrightarrow{CP}=\vec{0}$ ……① を満たしている。また，辺 BC を 3:5 に内分する点を D とするとき，3 点 A，P，D が同一直線上にあることを示し，AP:PD の比を求めよ。さらに，三角形 ABP の面積が三角形 CDP の面積の $\dfrac{6}{5}$ 倍であるとき，k の値を求めよ。　　（滋賀大 *）

ヒント！　①を，まわり道の原理を使って，A を始点とするベクトルに置き換えよう。内分点の公式を使うのがポイントだ。

解答＆解説

①を変形して，A を始点とするベクトルで表すと，
$$k\overrightarrow{AP}+5(\underline{\overrightarrow{AP}-\overrightarrow{AB}})+3(\underline{\overrightarrow{AP}-\overrightarrow{AC}})=\vec{0}\quad(k>0)$$
$$(k+8)\overrightarrow{AP}=5\overrightarrow{AB}+3\overrightarrow{AC}$$

$$\therefore\ \overrightarrow{AP}=\frac{5\overrightarrow{AB}+3\overrightarrow{AC}}{k+8}=\frac{8}{k+8}\cdot\boxed{\overset{\overrightarrow{AD}}{\frac{5\overrightarrow{AB}+3\overrightarrow{AC}}{3+5}}}\ \cdots②$$

ここで，点 D は辺 BC を 3:5 に内分するので，②は，
$$\overrightarrow{AP}=\frac{8}{k+8}\overrightarrow{AD}\ \ ……③\ \ となる。よって，③より，$$
3 点 A，P，D は同一直線上にある。……………(終)

また，右図より，AP:PD = 8:k である。　…(答)

次に，三角形 ABP の面積を△ABP などと表すことにすると，

$$\begin{cases}\triangle ABP=\dfrac{8}{k}\triangle BDP & ……④\\[2mm]\triangle CDP=\dfrac{5}{3}\triangle BDP & ……⑤\end{cases}$$

④，⑤より，　　⑤より
$$\triangle ABP=\frac{8}{k}\cdot\frac{3}{5}\triangle CDP=\frac{24}{5k}\triangle CDP$$

題意より，$\dfrac{24}{5k}=\dfrac{6}{5}$　$\therefore\ k=4$　……………(答)

ココがポイント

⇦ まわり道の原理より，
・$\overrightarrow{BP}=\underline{\overrightarrow{AP}-\overrightarrow{AB}}$
・$\overrightarrow{CP}=\underline{\overrightarrow{AP}-\overrightarrow{AC}}$

⇦ 点 D は辺 BC を 3:5 に内分するので，
$\overrightarrow{AD}=\dfrac{5\overrightarrow{AB}+3\overrightarrow{AC}}{3+5}$ だね。

⇦

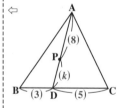

⇦

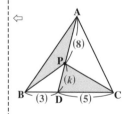

分点公式を使って2通りに表す問題

| 演習問題 2 | 難易度 ★ | CHECK 1 | CHECK 2 | CHECK 3 |

△OAB の辺 OA を 3:1 に外分する点を P, 辺 OB を 2:1 に内分する点を Q, PQ と AB の交点を R とする。$\overrightarrow{OA} = \vec{a}$, $\overrightarrow{OB} = \vec{b}$ とするとき, $\overrightarrow{OR}$ を $\vec{a}$ と $\vec{b}$ で表せ。

(東京学芸大)

ヒント! まず図をかいて, AR : RB = s : 1 − s, PR : RQ = t : 1 − t とおいて, 内分点の公式を使って, $\overrightarrow{OR}$ を 2 通りに表すといい。

解答&解説

(i) AR : RB = s : 1 − s とおくと, 内分点の公式より,

$$\overrightarrow{OR} = \underline{(1-s)}\vec{a} + \underline{s}\vec{b} \quad \cdots\cdots① \quad (0 < s < 1)$$

(ii) PR : RQ = t : 1 − t とおくと, 内分点の公式より,

$$\overrightarrow{OR} = (1-t)\underset{\frac{3}{2}\vec{a}}{\overrightarrow{OP}} + t\underset{\frac{2}{3}\vec{b}}{\overrightarrow{OQ}}$$

$$= \frac{3}{2}(1-t)\vec{a} + \frac{2}{3}t\vec{b} \quad \cdots\cdots② \quad (0 < t < 1)$$

ここで, $\vec{a} \not\parallel \vec{b}$, かつ $\vec{a} \neq \vec{0}$, $\vec{b} \neq \vec{0}$ より, ①, ②の $\vec{a}$ と $\vec{b}$ の各係数を比較して,

$$\underline{1 - s = \frac{3}{2}(1-t)} \quad \cdots\cdots③ \qquad \underset{\sim}{s = \frac{2}{3}t} \quad \cdots\cdots④$$

③×6 + ④×6 より, $6 = 9(1-t) + 4t$ $\quad \therefore t = \frac{3}{5}$

これを②に代入して, $\overrightarrow{OR} = \frac{3}{5}\vec{a} + \frac{2}{5}\vec{b}$ ………(答)

ココがポイント

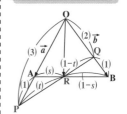

$\begin{cases} (\text{i}) \ AR:RB = s:1-s \\ (\text{ii}) \ PR:RQ = t:1-t \end{cases}$

とおいて, $\overrightarrow{OR}$ を $\vec{a}$, $\vec{b}$ を使って 2 通りに表し, 各係数を比較する。

これは, 定石の解法パターンだ!

⇦②は

$$\overrightarrow{OR} = \frac{3}{2}\left(1 - \frac{3}{5}\right)\vec{a} + \frac{2}{3} \cdot \frac{3}{5}\vec{b}$$

$$= \frac{3}{5}\vec{a} + \frac{2}{5}\vec{b}$$

となる。

別解

AR : RB = m : n とおくと, メネラウスの定理より,

$$\frac{3}{1} \times \frac{1}{2} \times \frac{m}{n} = 1, \quad \frac{m}{n} = \frac{2}{3} \quad \therefore m : n = 2 : 3$$

∴求める $\overrightarrow{OR}$ は,

$$\overrightarrow{OR} = \frac{3\overrightarrow{OA} + 2\overrightarrow{OB}}{2 + 3} = \frac{3}{5}\vec{a} + \frac{2}{5}\vec{b} \quad \cdots\cdots(答)$$

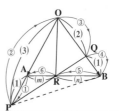

メネラウスの定理やチェバの定理については「合格!数学 I・A」(マセマ)で勉強して欲しい!これはベクトルでもとても役に立つ。

$\boxed{|ベクトルの式|^2 と内積の演算}$

長さが 1 で互いに直交する 2 つのベクトル $\vec{p}$, $\vec{q}$ がある。
ベクトル $a\vec{p} + b\vec{q}$ は長さ 1 で，ベクトル $\vec{p} + \vec{q}$ とのなす角が 60°である。
このとき，定数 a, b の値を求めよ。　　　　　　　　　　　　　（埼玉大）

> **ヒント！** $|\vec{p}| = |\vec{q}| = 1$，なす角が 90°より $\vec{p} \cdot \vec{q} = 0$ となる。後は，内積の演算を使っ
> て，式を変形していけばいい。頑張れ！

解答 & 解説

題意より，$|\vec{p}| = |\vec{q}| = 1$, $\vec{p} \cdot \vec{q} = \overset{1}{|\vec{p}|}\,\overset{1}{|\vec{q}|}\,\overset{0}{\cos 90°} = 0$

（ i ）$|a\vec{p} + b\vec{q}| = 1$ より，この両辺を 2 乗して，

$$|a\vec{p} + b\vec{q}|^2 = 1$$

$$a^2 \overset{1^2}{|\vec{p}|^2} + 2ab\,\overset{0}{\vec{p} \cdot \vec{q}} + b^2 \overset{1^2}{|\vec{q}|^2} = 1$$

$$\therefore\ a^2 + b^2 = 1\ \cdots\cdots ①$$

（ ii ）$a\vec{p} + b\vec{q}$ と $\vec{p} + \vec{q}$ のなす角が 60°より

$$(a\vec{p} + b\vec{q}) \cdot (\vec{p} + \vec{q}) = \overset{1}{|a\vec{p} + b\vec{q}|} \cdot \overset{\sqrt{2}}{|\vec{p} + \vec{q}|} \overset{\frac{1}{2}}{\cos 60°}$$

$$a\underset{1^2}{|\vec{p}|^2} + (a+b)\underset{0}{\vec{p} \cdot \vec{q}} + b\underset{1^2}{|\vec{q}|^2} = 1 \times \sqrt{2} \times \frac{1}{2}$$

$$\therefore\ a + b = \frac{\sqrt{2}}{2}\ \cdots\cdots ②$$

①より，$(a+b)^2 - 2ab = 1$　　　$\therefore\ \underline{ab = -\dfrac{1}{4}}\ \cdots\cdots ③$　（$\because$②より $\overset{\frac{\sqrt{2}}{2}}{}$）

②，③より，a, b を解にもつ x の 2 次方程式は，

$$x^2 - \underset{(a+b)}{\frac{\sqrt{2}}{2}}x - \underset{ab}{\frac{1}{4}} = 0 \qquad \underset{④}{4}x^2 \underset{2b'}{(-2\sqrt{2})}x \underset{c}{(-1)} = 0$$

よって，求める a, b の値は，

$$(a, b) = \left(\frac{\sqrt{2} \pm \sqrt{6}}{4},\ \frac{\sqrt{2} \mp \sqrt{6}}{4} \right)\ （複号同順）\cdots（答）$$

ココがポイント

⇦ $|ベクトルの式|$ の形がき
たら，2 乗して展開する。
これが解法の鉄則だ！

⇦ $|\vec{p} + \vec{q}|^2 \overset{1^2}{}$
$= \overset{1^2}{|\vec{p}|^2} + 2\overset{0}{\vec{p} \cdot \vec{q}} + \overset{1^2}{|\vec{q}|^2}$
$= 2$ より，
$|\vec{p} + \vec{q}| = \sqrt{2}$ だ。

⇦ $a+b = p$, $ab = q$ のとき，a,
b を解にもつ x の 2 次方程
式は，$x^2 - px + q = 0$ だ。

⇦ 解 $x = \dfrac{\sqrt{2} \pm \sqrt{2+4}}{4}$
$= \dfrac{\sqrt{2} \pm \sqrt{6}}{4}$

ベクトルの成分表示と内積の定義

演習問題 4	難易度 ★★	CHECK 1	CHECK 2	CHECK 3

平面上に 2 つのベクトル $\vec{a} = (4, -3)$, $\vec{b} = (2, 1)$ がある。

(1) $|\vec{a} + t\vec{b}|$ の最小値と，そのときの t の値を求めよ。

(2) $\vec{a} + t\vec{b}$ と $\vec{b}$ のなす角が $45°$ となるような t の値を求めよ。

(日本女子大)

ヒント！ (1) $\vec{a} + t\vec{b} = (4+2t, -3+t)$ より，$|\vec{a}+t\vec{b}|^2$ は t の 2 次関数となるので，その最小値を求めればいい。(2) では，ベクトルの内積の定義式から，t の 2 次方程式が出てくるはずだ。頑張れ。

解答 & 解説

$\vec{a} = (4, -3)$, $\vec{b} = (2, 1)$ より，

$\vec{a} + t\vec{b} = (4, -3) + t(2, 1) = (2t+4, t-3)$

(1) $|\vec{a} + t\vec{b}|^2 = (2t+4)^2 + (t-3)^2$ ← $\boxed{x_1{}^2 + y_1{}^2}$

$\qquad = 4t^2 + 16t + 16 + t^2 - 6t + 9$

$\qquad = 5t^2 + 10t + 25$

$\qquad = 5(t^2 + 2t + \underline{1}) + 25 - \underline{5} = 5(t+1)^2 + 20$

$\qquad \qquad \boxed{2 \text{ で割って } 2 \text{ 乗}}$

よって，$t = -1$ のとき，$|\vec{a} + t\vec{b}|$ は

最小値 $\sqrt{20} = 2\sqrt{5}$ をとる。‥‥‥‥‥‥‥(答)

(2) $\vec{a} + t\vec{b}$ と $\vec{b}$ のなす角が $45°$ のとき，

$\overset{\sqrt{5t^2+10t+25} \ ((1) \text{ の計算より})}{(\vec{a}+t\vec{b}) \cdot \vec{b}} = |\vec{a}+t\vec{b}| \cdot |\vec{b}| \boxed{\cos 45°} \approx \dfrac{1}{\sqrt{2}}$

$\underset{2(2t+4)+1 \cdot (t-3) = 5t+5}{} \qquad \underset{\sqrt{2^2+1^2} = \sqrt{5}}{}$

$\underline{5}(t+1) = \sqrt{5}\sqrt{t^2+2t+5} \cdot \sqrt{5} \cdot \dfrac{1}{\sqrt{2}}$

$\sqrt{2}(t+1) = \sqrt{t^2+2t+5} \quad (t > -1)$

両辺を 2 乗して，

$2(t^2+2t+1) = t^2+2t+5 \qquad t^2+2t-3 = 0$

$(t+3)(t-1) = 0 \qquad$ ここで，$t > -1$ より，

求める t の値は，$t = 1$ ‥‥‥‥‥‥‥‥(答)

ココがポイント

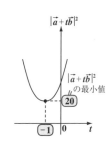

$|\vec{a}+t\vec{b}|^2$ の最小値 $\boxed{20}$

$\boxed{-1}$

$\Leftarrow \begin{cases} \vec{a}+t\vec{b}=(2t+4, t-3) \\ \vec{b}=(2, 1) \end{cases}$

$\Leftarrow$ 右辺 >0 より左辺 >0
$\quad \therefore t > -1$

三角形の外心

三角形 OAB において，OA = 4，OB = 5，AB = 6 である。また，
$\overrightarrow{OA} = \vec{a}$，$\overrightarrow{OB} = \vec{b}$ とおく。

(1) 内積 $\vec{a} \cdot \vec{b}$ を求めよ。

(2) 三角形 OAB の外心を Q とおくとき，$\overrightarrow{OQ}$ を $\vec{a}$ と $\vec{b}$ で表せ。

(早稲田大*)

ヒント！ (1)AB $= |\vec{b} - \vec{a}| = 6$ から，内積 $\vec{a} \cdot \vec{b}$ を求めればいい。(2) では，まず，
$\overrightarrow{OQ} = s\vec{a} + t\vec{b}$ とおいて，s と t の値を求めよう。その際，外心 Q が，△OAB の
各辺の垂直二等分線の交点であることを利用するといいよ。

解答 & 解説

(1) △OAB について，OA = 4，OB = 5，AB = 6 より，

$\overrightarrow{OA} = \vec{a}$，$\overrightarrow{OB} = \vec{b}$ とおくと，

OA $= |\vec{a}| = 4$ ……①， OB $= |\vec{b}| = 5$ ……②

また，AB $= |\overrightarrow{AB}| = \boxed{|\vec{b} - \vec{a}| = 6}$ ……③ より，

$|\vec{b} - \vec{a}| = 6$ ……③ の両辺を 2 乗して，

$|\vec{b} - \vec{a}|^2 = 36$

$|\vec{b}|^2 - 2\vec{a} \cdot \vec{b} + |\vec{a}|^2 = 36$

　$\boxed{5^2 (②より)}$ 　　$\boxed{4^2 (①より)}$

$25 - 2\vec{a} \cdot \vec{b} + 16 = 36$ 　　　$2\vec{a} \cdot \vec{b} = 5$

$\therefore \vec{a} \cdot \vec{b} = \dfrac{5}{2}$ ……④ である。…………………(答)

(2) △OAB の外心 Q について，

$\overrightarrow{OQ} = s\vec{a} + t\vec{b}$ ……⑤ とおく。

また，右図に示すように，辺 OA の中点を M，
辺 OB の中点を N とおくと，外心 Q は，各辺
の垂直二等分線の交点であるので，

(ⅰ) $\overrightarrow{MQ} \perp \vec{a}$ かつ (ⅱ) $\overrightarrow{NQ} \perp \vec{b}$ となる。

ココがポイント

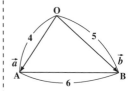

$\Leftarrow (b-a)^2 = 36$
$b^2 - 2ab + a^2 = 36$
と同様に，
$|\vec{b} - \vec{a}|^2 = 36$ の左辺は
展開できる。

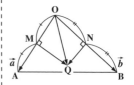

(ⅰ) $\overrightarrow{MQ} \perp \vec{a}$ より, $\overrightarrow{MQ} \cdot \vec{a} = 0$ ……⑥　ここで,

$$\overrightarrow{MQ} = \underset{\substack{s\vec{a}+t\vec{b}\\(⑤より)}}{\underline{\overrightarrow{OQ}}} - \underset{\substack{\frac{1}{2}\vec{a}}}{\underline{\overrightarrow{OM}}} = \left(s - \frac{1}{2}\right)\vec{a} + t\vec{b}$$ より,

これを⑥に代入して,

$$\left\{\left(s - \frac{1}{2}\right)\vec{a} + t\vec{b}\right\} \cdot \vec{a} = 0$$

$$\left(s - \frac{1}{2}\right) \cdot 4^2 + t \cdot \frac{5}{2} = 0$$

$$\therefore \underline{32s + 5t = 16}\ \text{……⑦}\ となる。$$

(ⅱ) $\overrightarrow{NQ} \perp \vec{b}$ より, $\overrightarrow{NQ} \cdot \vec{b} = 0$ ……⑧　ここで,

$$\overrightarrow{NQ} = \underset{\substack{s\vec{a}+t\vec{b}\\(⑤より)}}{\underline{\overrightarrow{OQ}}} - \underset{\substack{\frac{1}{2}\vec{b}}}{\underline{\overrightarrow{ON}}} = s\vec{a} + \left(t - \frac{1}{2}\right)\vec{b}$$ より,

これを⑧に代入して,

$$\left\{s\vec{a} + \left(t - \frac{1}{2}\right)\vec{b}\right\} \cdot \vec{b} = 0$$

$$s \cdot \frac{5}{2} + \left(t - \frac{1}{2}\right) \cdot 5^2 = 0$$

$$\therefore \underline{s + 10t = 5}\ \text{……⑨}\ となる。$$

以上 (ⅰ)(ⅱ) より, $2 \times ⑦ - ⑨$ から,

$$63s = 27 \qquad \therefore s = \frac{27}{63} = \frac{3}{7}$$

⑨より, $10t = 5 - \dfrac{3}{7} = \dfrac{32}{7} \qquad \therefore t = \dfrac{32}{70} = \dfrac{16}{35}$

s, t の値を⑤に代入して,

$$\overrightarrow{OQ} = \frac{3}{7}\vec{a} + \frac{16}{35}\vec{b}\ である。 \quad\text{……………………(答)}$$

⟸ △OAB は, 直角三角形
　ではないので, $\overrightarrow{MQ} = \vec{0}$
　や $\overrightarrow{NQ} = \vec{0}$ となることは
　ないんだね。

⟸ $\left(s - \dfrac{1}{2}\right)\underset{\substack{4^2\\(①より)}}{\underline{|\vec{a}|^2}} + t\underset{\substack{\frac{5}{2}\\(④より)}}{\underline{\vec{a} \cdot \vec{b}}} = 0$

$16s - 8 + \dfrac{5}{2}t = 0$

$32s + 5t = 16$

⟸ $s\underset{\substack{\frac{5}{2}\\(④より)}}{\underline{\vec{a} \cdot \vec{b}}} + \left(t - \dfrac{1}{2}\right)\underset{\substack{5^2\\(②より)}}{\underline{|\vec{b}|^2}}$

$\dfrac{5}{2}s + 25t - \dfrac{25}{2} = 0$

$5s + 50t - 25 = 0$

$s + 10t = 5$

⟸ $2 \times ⑦ - ⑨$
　$64s + 10t = 32$
　$\underline{\quad s + 10t = 5\quad} (-$
　$63s = 27$

三角形の外心，重心，垂心の関係

△ABC の重心を G，外接円の中心を O とする。

(1) $\overrightarrow{GA} + \overrightarrow{GB} + \overrightarrow{GC} = \vec{0}$ を示せ。

(2) $\overrightarrow{OA} + \overrightarrow{OB} + \overrightarrow{OC} = \overrightarrow{OH}$ となるように点 H をとると，点 H は，
   △ABC の垂心であることを示せ。

(3) 外心 O，重心 G，垂心 H は同一直線上にあり，
   $\mathbf{OG} : \mathbf{GH} = 1 : 2$ であることを示せ。　　　　　（山梨大）

レクチャー　外接円の中心が**外心 O** で，三
角形の 3 つの頂点から対辺に下ろした垂線は
1 点で交わり，これを**垂心 H** という。「この
外心と垂心を結ぶ線分 OH を重心 G が 1 : 2
に内分する。」 これは，"平面図形"の定理
の 1 つなんだ。今回は，この定理を，ベクト
ルを使って証明してみよう。図形の応用問題
だけれど，落ち着いて考えれば，うまく解け
るはずだ。

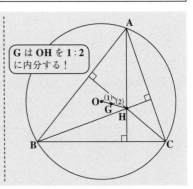

G は OH を 1 : 2
に内分する！

ヒント！　(1) 重心 G の公式 $\overrightarrow{O'G} = \frac{1}{3}(\overrightarrow{O'A} + \overrightarrow{O'B} + \overrightarrow{O'C})$ の O′ が G に一致す
るときだね。(2) では，$\overrightarrow{AH} \perp \overrightarrow{BC}$, $\overrightarrow{BH} \perp \overrightarrow{CA}$, $\overrightarrow{CH} \perp \overrightarrow{AB}$ のいずれか 2 つを示せば
いい。(3) では，$\overrightarrow{OH} = 3\overrightarrow{OG}$ が示せればいいんだね。頑張ろう！

解答 & 解説

(1) △ABC の重心を G とおくと，O′ を基準点として

$$\overrightarrow{O'G} = \frac{1}{3}(\overrightarrow{O'A} + \overrightarrow{O'B} + \overrightarrow{O'C}) \quad \cdots\cdots ①$$

①は O′ が G に一致しても成り立つので，

$$\underset{\substack{\| \\ \vec{0}}}{\boxed{\overrightarrow{GG}}} = \frac{1}{3}(\overrightarrow{GA} + \overrightarrow{GB} + \overrightarrow{GC})$$

この両辺を 3 倍して，

$$\overrightarrow{GA} + \overrightarrow{GB} + \overrightarrow{GC} = \vec{0} \quad \cdots\cdots ② \quad が成り立つ。$$

$$\cdots\cdots\cdots (終)$$

ココがポイント

⇦ ①は，位置ベクトルの基準
点 O′ がどこにあっても成
り立つ。
（本問では，外心に O を
使っているので，基準点
は O′ として区別した。）

(2) 外心 **O** に対して，

$$\overrightarrow{OA} + \overrightarrow{OB} + \overrightarrow{OC} = \overrightarrow{OH} \quad \cdots\cdots ③ \quad とおく。$$

引き算形式のまわり道

(ⅰ) $\overrightarrow{AH} \cdot \overrightarrow{BC} = (\overrightarrow{OH} - \overrightarrow{OA}) \cdot (\overrightarrow{OC} - \overrightarrow{OB})$

$\qquad = (\overrightarrow{OA} + \overrightarrow{OB} + \overrightarrow{OC} - \overrightarrow{OA}) \cdot (\overrightarrow{OC} - \overrightarrow{OB})$

$\qquad\qquad\qquad\qquad (③ より)$

$\qquad = (\overrightarrow{OC} + \overrightarrow{OB}) \cdot (\overrightarrow{OC} - \overrightarrow{OB})$

$\qquad = |\overrightarrow{OC}|^2 - |\overrightarrow{OB}|^2 = 0 \quad (\because |\overrightarrow{OC}| = |\overrightarrow{OB}|)$

$\qquad\quad\ \underset{r^2}{} \qquad \underset{r^2}{}$

$\therefore \overrightarrow{AH} \perp \overrightarrow{BC} \quad [AH \perp BC]$

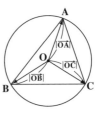

外心 **O** に対して
$|\overrightarrow{OA}| = |\overrightarrow{OB}| = |\overrightarrow{OC}| = \boxed{r}$ 半径
が成り立つ。

⇐ $\overrightarrow{AH} \cdot \overrightarrow{BC} = 0$ より
$AH \perp BC$ が言える。

引き算形式のまわり道

(ⅱ) $\overrightarrow{BH} \cdot \overrightarrow{CA} = (\overrightarrow{OH} - \overrightarrow{OB}) \cdot (\overrightarrow{OA} - \overrightarrow{OC})$

$\qquad = (\overrightarrow{OA} + \overrightarrow{OB} + \overrightarrow{OC} - \overrightarrow{OB}) \cdot (\overrightarrow{OA} - \overrightarrow{OC})$

$\qquad\qquad\qquad\qquad (③ より)$

$\qquad = (\overrightarrow{OA} + \overrightarrow{OC}) \cdot (\overrightarrow{OA} - \overrightarrow{OC})$

$\qquad = |\overrightarrow{OA}|^2 - |\overrightarrow{OC}|^2 = 0 \quad (\because |\overrightarrow{OA}| = |\overrightarrow{OC}|)$

$\qquad\quad\ \underset{r^2}{} \qquad \underset{r^2}{}$

$\therefore \overrightarrow{BH} \perp \overrightarrow{CA} \quad [BH \perp CA]$

⇐ $\overrightarrow{BH} \cdot \overrightarrow{CA} = 0$ より
$BH \perp CA$ が言える。

以上 (ⅰ)(ⅱ) より，点 **H** は △**ABC** の垂心である。 $\cdots\cdots$(終)

(3) (1) の結果の②より，

$\overrightarrow{GA}$, $\overrightarrow{GB}$, $\overrightarrow{GC}$ に引き算形式のまわり道の原理を使う！

$$\overrightarrow{GA} + \overrightarrow{GB} + \overrightarrow{GC} = \overrightarrow{0} \quad \cdots\cdots ②$$

$$\overrightarrow{OA} - \overrightarrow{OG} + \overrightarrow{OB} - \overrightarrow{OG} + \overrightarrow{OC} - \overrightarrow{OG} = \overrightarrow{0}$$

$$\overset{\overrightarrow{OH}}{\underset{\parallel}{}}$$

$$\overrightarrow{OA} + \overrightarrow{OB} + \overrightarrow{OC} = 3\overrightarrow{OG}$$

これに③を代入して，$\overrightarrow{OH} = 3\overrightarrow{OG} \quad \cdots\cdots ④$

よって，$\overrightarrow{OH} // \overrightarrow{OG}$（平行）かつ点 **O** を共有するので，3 点 **O, G, H** は同一直線上にある。

また，④より，$OG : GH = 1 : 2$ である。

$\cdots\cdots$(終)

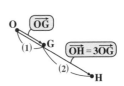

23

§2. ベクトル方程式で円や直線が描ける！

● 円のベクトル方程式も，中心と半径を押さえよう！

$|\overrightarrow{\text{AP}}| = r \ (r > 0)$ の式は，$\overrightarrow{\text{AP}}$ の大きさが r と言っているだけだね。でもここで，A を定点，P を動点とおくと，2 点 A，P 間の距離を一定値 r に保ちながら，動点 P が動くわけだから，結局，動点 P は，中心 A，半径 r の円を描くんだね。ここで，$\overrightarrow{\text{AP}} = \overrightarrow{\text{OP}} - \overrightarrow{\text{OA}}$ なので，**円のベクトル方程式**は，次のように表せるよ。

> A は太陽，P は地球と考えるといいよ。

円のベクトル方程式

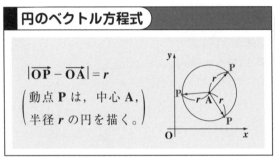

$$|\overrightarrow{\text{OP}} - \overrightarrow{\text{OA}}| = r$$

$\begin{pmatrix} \text{動点 P は，中心 A，} \\ \text{半径 } r \text{ の円を描く。} \end{pmatrix}$

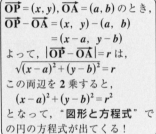

$\overrightarrow{\text{OP}} = (x, y), \overrightarrow{\text{OA}} = (a, b)$ のとき，
$$\overrightarrow{\text{OP}} - \overrightarrow{\text{OA}} = (x, y) - (a, b)$$
$$= (x - a, \ y - b)$$
よって，$|\overrightarrow{\text{OP}} - \overrightarrow{\text{OA}}| = r$ は，
$$\sqrt{(x-a)^2 + (y-b)^2} = r$$
この両辺を 2 乗すると，
$$(x-a)^2 + (y-b)^2 = r^2$$
となって，"図形と方程式" での円の方程式が出てくる！

● 直線は，通る点と方向ベクトルで決まる！

xy 座標平面上で，直線は，それが通る点 A と，直線の方向を表す**方向ベクトル $\vec{d}$** がわかれば，次のベクトル方程式で表すことができる。ベクトル方程式では，一般に動点 P を使って表すことも覚えておこう。

直線のベクトル方程式

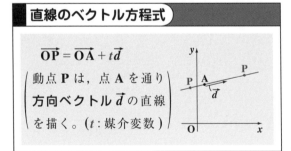

$$\overrightarrow{\text{OP}} = \overrightarrow{\text{OA}} + t\vec{d}$$

$\begin{pmatrix} \text{動点 P は，点 A を通り} \\ \textbf{方向ベクトル } \vec{d} \text{ の直線} \\ \text{を描く。}(t：媒介変数) \end{pmatrix}$

図1 直線のベクトル方程式

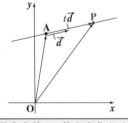

> 媒介変数 t の値を変化させると点 P は直線を描くんだね。

$\overrightarrow{\text{OP}} = \overrightarrow{\text{OA}} + \overrightarrow{\text{AP}} = \overrightarrow{\text{OA}} + t\overrightarrow{d}$ と表されるから，t の値を変化させると，動点 P は直線を描きながら動くんだ。

次に，直線 AB を表すベクトル方程式では，方向ベクトル $\overrightarrow{d} = \overrightarrow{\text{AB}}$ としてもいいので，

図 2　直線 AB のベクトル方程式

$$\overrightarrow{\text{OP}} = \overrightarrow{\text{OA}} + t\overrightarrow{\text{AB}} = \overrightarrow{\text{OA}} + t(\overrightarrow{\text{OB}} - \overrightarrow{\text{OA}})$$

引き算形式のまわり道

$$= \underset{\alpha}{\underbrace{(1 - t)}}\,\overrightarrow{\text{OA}} + \underset{\beta}{\underbrace{t}}\,\overrightarrow{\text{OB}} \quad となる。$$

ここで，$\alpha = 1 - t$，$\beta = t$ とおくと，$\alpha + \beta = 1$ となる。

よって，"**直線 AB**" は，$\overrightarrow{\text{OP}} = \alpha\overrightarrow{\text{OA}} + \beta\overrightarrow{\text{OB}}$ $(\alpha + \beta = 1)$ と表される。

しかし，これ以外にも，この α，β にさらに条件を加えることによって，"**線分 AB**" や "**△OAB の周および内部**" を表すこともできるんだ。以上をまとめて書いておくから，覚えておこう。

直線・線分・三角形

$\overrightarrow{\text{OP}} = \alpha\overrightarrow{\text{OA}} + \beta\overrightarrow{\text{OB}}$ （P：動点，A，B：相異なる定点，α，β：変数）

(i) $\alpha + \beta = 1$	(ii) $\begin{cases} \alpha + \beta = 1 \\ \alpha \geqq 0, \ \beta \geqq 0 \end{cases}$	(iii) $\begin{cases} \alpha + \beta \leqq 1 \\ \alpha \geqq 0, \ \beta \geqq 0 \end{cases}$
のとき，動点 P は**直線 AB** を描く。	のとき，動点 P は**線分 AB** を描く。	のとき，動点 P は**△OAB の周と内部**を描く。
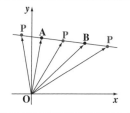	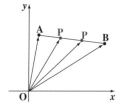	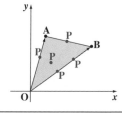

(ii) では，t が $0 \leqq t \leqq 1$ の範囲を動くとき，$0 \leqq \alpha \leqq 1$，$0 \leqq \beta \leqq 1$ となるんだね。(iii) は，何故△OAB の内部と周を表すことになるか，自分で考えてみるといい。いい思考訓練になると思う。コツは，$0 \leqq \alpha + \beta \leqq 1$ より，$\alpha + \beta = \dfrac{1}{3}$ のとき，$\alpha + \beta = \dfrac{2}{3}$ のとき，…などと具体的に考えてみることだ。

● 直線は法線ベクトル $\vec{n}$ でも表せる！

xy 座標平面上の直線の方程式は，直線と垂直な**法線ベクトル** $\vec{n}$ を使って表すこともできる。図3に示すように，点 $A(x_1, y_1)$ を通り，法線ベクトル $\vec{n} = (a, b)$ をもつ直線は，直線上を任意に動く動点を $P(x, y)$ とおくと，法線ベクトル $\vec{n} = (a, b)$ と

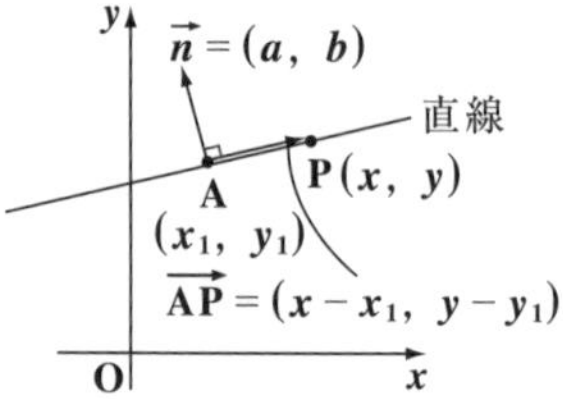

$$\overrightarrow{AP} = \overrightarrow{OP} - \overrightarrow{OA} = (x, y) - (x_1, y_1) = (x - x_1, y - y_1)$$

とは，常に垂直になるので

$$\vec{n} \cdot \overrightarrow{AP} = a(x - x_1) + b(y - y_1) = 0 \quad \text{となる。}$$

図3 点 $A(x_1, y_1)$ を通り法線ベクトル $\vec{n}$ をもつ直線の方程式
$$a(x - x_1) + b(y - y_1) = 0$$

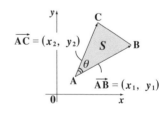

$\overrightarrow{AP} = \vec{0}$（P と A が一致する）のときでも，この式は成り立つ。

よって，点 $A(x_1, y_1)$ を通り，法線ベクトル $\vec{n} = (a, b)$ の直線の方程式は，

$$a(x - x_1) + b(y - y_1) = 0 \quad \text{となるんだね。}$$

例題を1つやっておこう。

点 $A(2, -1)$ を通り，法線ベクトル $\vec{n} = (4, -3)$ の直線の方程式は

$$4(x - 2) - 3(y + 1) = 0 \qquad \therefore 4x - 3y - 11 = 0 \qquad \text{となるんだね。}$$

● 平面上の三角形の面積 S の公式も重要だ！

xy 座標平面上の $\triangle ABC$ の面積 S は，

$$S = \frac{1}{2} \sqrt{|\overrightarrow{AB}|^2 |\overrightarrow{AC}|^2 - (\overrightarrow{AB} \cdot \overrightarrow{AC})^2} \quad \cdots\cdots (*)$$

で求められる。なぜなら，

$\angle BAC = \theta$ とおくと，$(0° < \theta < 180°)$

$$S = \frac{1}{2} |\overrightarrow{AB}||\overrightarrow{AC}| \sin\theta$$

$$= \frac{1}{2} |\overrightarrow{AB}||\overrightarrow{AC}| \sqrt{1 - \cos^2\theta} \quad (\because \sin\theta > 0)$$

$$= \frac{1}{2} \sqrt{|\overrightarrow{AB}|^2 |\overrightarrow{AC}|^2 (1 - \cos^2\theta)}$$

図4 $\triangle ABC$ の面積

$\overrightarrow{AC} = (x_2, y_2)$

$\overrightarrow{AB} = (x_1, y_1)$

$$\therefore S = \frac{1}{2}\sqrt{|\overrightarrow{AB}|^2|\overrightarrow{AC}|^2 - \underbrace{|\overrightarrow{AB}|^2|\overrightarrow{AC}|^2\cos^2\theta}_{(\overrightarrow{AB}\cdot\overrightarrow{AC})^2}}$$

$$= \frac{1}{2}\sqrt{|\overrightarrow{AB}|^2|\overrightarrow{AC}|^2 - (\overrightarrow{AB}\cdot\overrightarrow{AC})^2} \quad \cdots\cdots(*)$$

となるからなんだ。

さらに，$\overrightarrow{AB} = (x_1, \ y_1)$，$\overrightarrow{AC} = (x_2, \ y_2)$と成分表示されているとき，

$|\overrightarrow{AB}|^2 = x_1^2 + y_1^2$，$|\overrightarrow{AC}|^2 = x_2^2 + y_2^2$，$\overrightarrow{AB}\cdot\overrightarrow{AC} = x_1x_2 + y_1y_2$　より，

$(*)$の公式に代入すると，

$$S = \frac{1}{2}\sqrt{(x_1^2 + y_1^2)(x_2^2 + y_2^2) - (x_1x_2 + y_1y_2)^2}$$

$$x_1^2x_2^2 + x_1^2y_2^2 + x_2^2y_1^2 + y_1^2y_2^2 - (x_1^2x_2^2 + 2x_1x_2y_1y_2 + y_1^2y_2^2)$$
$$= x_1^2y_2^2 - 2x_1y_2x_2y_1 + x_2^2y_1^2 = (x_1y_2 - x_2y_1)^2$$

$$= \frac{1}{2}\sqrt{(x_1y_2 - x_2y_1)^2} \quad \longrightarrow \boxed{\sqrt{\alpha^2} = |\alpha|\text{を使った！}}$$

$$\therefore \boxed{S = \frac{1}{2}|x_1y_2 - x_2y_1|} \quad \cdots(**)\text{の公式も導ける。}$$

◆ 例題 3 ◆

3辺の長さが，$AB = 3$，$BC = \sqrt{5}$，$CA = 4$の$\triangle ABC$の面積Sを求めよ。

解答

$AB = |\overrightarrow{AB}| = 3$ $\cdots$①　　　$CA = |\overrightarrow{AC}| = 4$ $\cdots$②

$BC = |\overrightarrow{BC}| = |\overrightarrow{AC} - \overrightarrow{AB}| = \sqrt{5}$ $\cdots$③

③の両辺を2乗して，

$|\overrightarrow{AC} - \overrightarrow{AB}|^2 = 5$　より，

$\underbrace{|\overrightarrow{AC}|^2}_{4^2(\text{②より})} - 2\overrightarrow{AB}\cdot\overrightarrow{AC} + \underbrace{|\overrightarrow{AB}|^2}_{3^2(\text{①より})} = 5$

> $|\overrightarrow{AB}|$と$|\overrightarrow{AC}|$は与えられているので，$\overrightarrow{AB}\cdot\overrightarrow{AC}$が分かれば，$(*)$の公式から，$\triangle ABC$の面積$S$が求まる。

$25 - 2\overrightarrow{AB}\cdot\overrightarrow{AC} = 5$　　$\therefore \overrightarrow{AB}\cdot\overrightarrow{AC} = 10$ $\cdots$④

よって，$\triangle ABC$の面積Sは，①，②，④より，

$$S = \frac{1}{2}\sqrt{|\overrightarrow{AB}|^2 \cdot |\overrightarrow{AC}|^2 - (\overrightarrow{AB}\cdot\overrightarrow{AC})^2} = \frac{1}{2}\sqrt{9\times16 - 10^2} = \frac{\sqrt{44}}{2} = \sqrt{11} \quad \cdots(\text{答})$$

座標平面において，△ABC は，$\overrightarrow{AB} \cdot \overrightarrow{AC} = 0$ をみたす。この平面上の点 P が，$\overrightarrow{AP} \cdot \overrightarrow{BP} + \overrightarrow{BP} \cdot \overrightarrow{CP} + \overrightarrow{CP} \cdot \overrightarrow{AP} = 0$ をみたすとき，点 P はどのような図形を描くか。

(岡山理科大)

ヒント! $\overrightarrow{AP} \cdot \overrightarrow{BP} + \overrightarrow{BP} \cdot \overrightarrow{CP} + \overrightarrow{CP} \cdot \overrightarrow{AP} = 0$ を，まわり道の原理を使って，すべて A を始点とするベクトルに書きかえることから始めよう。

解答&解説

$\overrightarrow{AB} \cdot \overrightarrow{AC} = 0$ ……①

$\overrightarrow{AP} \cdot \overrightarrow{BP} + \overrightarrow{BP} \cdot \overrightarrow{CP} + \overrightarrow{CP} \cdot \overrightarrow{AP} = 0$ を変形して，

$\overrightarrow{AP} \cdot (\overrightarrow{AP} - \overrightarrow{AB}) + (\overrightarrow{AP} - \overrightarrow{AB}) \cdot (\overrightarrow{AP} - \overrightarrow{AC})$

$\qquad\qquad\qquad + (\overrightarrow{AP} - \overrightarrow{AC}) \cdot \overrightarrow{AP} = 0$

$|\overrightarrow{AP}|^2 - \overrightarrow{AB} \cdot \overrightarrow{AP} + |\overrightarrow{AP}|^2 - \overrightarrow{AC} \cdot \overrightarrow{AP} - \overrightarrow{AB} \cdot \overrightarrow{AP} + \boxed{\overrightarrow{AB} \cdot \overrightarrow{AC}}$

$\qquad\qquad + |\overrightarrow{AP}|^2 - \overrightarrow{AC} \cdot \overrightarrow{AP} = 0$ (①より)

$3|\overrightarrow{AP}|^2 - 2(\overrightarrow{AB} + \overrightarrow{AC}) \cdot \overrightarrow{AP} = 0$ (∵①)

$|\overrightarrow{AP}|^2 - \dfrac{2}{3}(\overrightarrow{AB} + \overrightarrow{AC}) \cdot \overrightarrow{AP} = 0$

$|\overrightarrow{AP}|^2 - \dfrac{2}{3}(\overrightarrow{AB} + \overrightarrow{AC}) \cdot \overrightarrow{AP} + \dfrac{|\overrightarrow{AB} + \overrightarrow{AC}|^2}{9} = \dfrac{|\overrightarrow{AB} + \overrightarrow{AC}|^2}{9}$

2 で割って 2 乗

$\left|\overrightarrow{AP} - \dfrac{\overrightarrow{AB} + \overrightarrow{AC}}{3}\right|^2 = \left|\dfrac{\overrightarrow{AB} + \overrightarrow{AC}}{3}\right|^2$ ……②

$\qquad\quad \underset{\overrightarrow{AG}}{}\qquad\qquad \underset{\overrightarrow{AG}}{}$

ここで，△ABC の重心を G とおくと，②は

$\underset{\overrightarrow{GP}}{|\overrightarrow{AP} - \overrightarrow{AG}|} = \underset{半径\,r}{|\overrightarrow{AG}|}$

よって，$|\overrightarrow{GP}| = |\overrightarrow{AG}|$ より，

点 P は，△ABC の重心 G を中心とする半径 $r = |\overrightarrow{AG}|$ の円を描く。 ……(答)

ココがポイント

⇦ $\overrightarrow{BP} = \overrightarrow{AP} - \overrightarrow{AB}$
$\overrightarrow{CP} = \overrightarrow{AP} - \overrightarrow{AC}$
と引き算形式のまわり道で始点をすべて A にそろえる！

⇦ 左の式変形は次の整式の変形と同じだね。
$p^2 - \dfrac{2}{3}(b+c)p = 0$
$p^2 - \dfrac{2}{3}(b+c)p + \dfrac{(b+c)^2}{9}$
$\qquad = \dfrac{(b+c)^2}{9}$
$\left(p - \dfrac{b+c}{3}\right)^2 = \left(\dfrac{b+c}{3}\right)^2$

⇦ △ABC の重心 G について
$\overrightarrow{OG} = \dfrac{1}{3}(\overrightarrow{OA} + \overrightarrow{OB} + \overrightarrow{OC})$
O が A と一致するとき，
$\overrightarrow{AG} = \dfrac{1}{3}(\underset{\vec{0}}{\overrightarrow{AA}} + \overrightarrow{AB} + \overrightarrow{AC})$
だね。

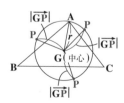

ベクトルの1次結合と点の存在範囲

右図のようなベクトル $\vec{a}$, $\vec{b}$ に対して, $\overrightarrow{OP}$ を,

$\overrightarrow{OP} = s\vec{a} + t\vec{b}$　$(s, t$ は実数$)$ で定義する。

(1) $-1 \leq s \leq 2$, $0 \leq t \leq 1$ のとき, 点 P の存在範囲を図示せよ。

(2) $s + 0.5t = 1$, $0 \leq s$, $0 \leq t$ のとき, 点 P の存在範囲を図示せよ。

（日本女子大）

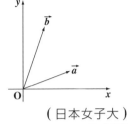

ヒント！　(1)$s = -1, 0, 1, 2$ と固定して, t を $0 \leq t \leq 1$ で動かすと見えてくると思う。(2) では, $0.5t = t'$ とおいて, $\overrightarrow{OP} = s\vec{a} + t' \cdot 2\vec{b}$ として解くんだ。

解答&解説

(1) $\overrightarrow{OP} = s\vec{a} + t\vec{b}$　$(-1 \leq s \leq 2, 0 \leq t \leq 1)$

$s = 2$ と固定して, t を 0, $\dfrac{1}{3}$, $\dfrac{2}{3}$, 1 と $0 \leq t \leq 1$ の範囲で動かしたときの点 P の描く図を図1 に示す。同様に, $s = -1, 0, 1, 2$ と s を $-1 \leq s \leq 2$ の範囲の値で固定し, さらにこの s の刻み幅を小さくして, t を $0 \leq t \leq 1$ の範囲で動かすという同様の操作を行うと, 点 P は, 図2 に示すように, $2\vec{a}$, $2\vec{a} + \vec{b}$, $-\vec{a} + \vec{b}$, $-\vec{a}$ の終点を4頂点とする平行四辺形の周およびその内部を描く。点 P の存在範囲を図2 に網目部で示す。（境界線はすべて含む。） ……………(答)

(2) $\overrightarrow{OP} = s\vec{a} + t\vec{b}$　$(s + 0.5t = 1, s \geq 0, t \geq 0)$

ここで, $0.5t = t'$ とおくと, $(t' = 0.5t \geq 0)$

$\overrightarrow{OP} = s\vec{a} + 0.5t \times 2\vec{b} = s\vec{a} + t' \cdot 2\vec{b}$

よって,　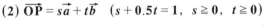

$\overrightarrow{OP} = s\vec{a} + t' \cdot 2\vec{b}$　$\underline{(s + t' = 1, s \geq 0, t' \geq 0)}$

∴ 点 P は, $\vec{a}$ と $2\vec{b}$ の終点を結ぶ線分を描く。図3 に点 P の存在範囲を示す。 ……………(答)

ココがポイント

図1　$(s = 2$ のとき$)$

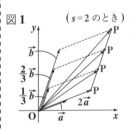

図2

図3

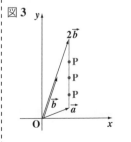

1. ベクトルの内積

$\vec{a}=(x_1,\ y_1),\ \vec{b}=(x_2,\ y_2)$ のとき，

(ⅰ) $\vec{a}\cdot\vec{b}=|\vec{a}||\vec{b}|\cos\theta=x_1x_2+y_1y_2$ （$\theta:\vec{a}$ と $\vec{b}$ のなす角）

(ⅱ) $\cos\theta=\dfrac{\vec{a}\cdot\vec{b}}{|\vec{a}||\vec{b}|}=\dfrac{x_1x_2+y_1y_2}{\sqrt{x_1{}^2+y_1{}^2}\sqrt{x_2{}^2+y_2{}^2}}$

2. ベクトルの平行・直交条件 （$\vec{a}\neq\vec{0},\ \vec{b}\neq\vec{0},\ k\neq 0$）

(ⅰ) $\vec{a}/\!/\vec{b}\Leftrightarrow\vec{a}=k\vec{b}$ (ⅱ) $\vec{a}\perp\vec{b}\Leftrightarrow\vec{a}\cdot\vec{b}=0$

3. 内分点の公式

(ⅰ) 点 P が線分 AB を $m:n$ に内分するとき，

$$\overrightarrow{OP}=\frac{n\overrightarrow{OA}+m\overrightarrow{OB}}{m+n} \quad\longleftarrow\boxed{\text{係数はたすきがけ}}$$

(ⅱ) 点 P が線分 AB を $t:1-t$ に内分するとき，

$$\overrightarrow{OP}=(1-t)\overrightarrow{OA}+t\overrightarrow{OB} \qquad (0<t<1)$$

4. 外分点の公式

点 Q が線分 AB を $m:n$ に外分するとき，

$$\overrightarrow{OQ}=\frac{-n\overrightarrow{OA}+m\overrightarrow{OB}}{m-n}\quad\left[\text{または，}\ \overrightarrow{OQ}=\frac{n\overrightarrow{OA}-m\overrightarrow{OB}}{-m+n}\right]$$

5. △ABC の重心 G

△ABC の重心 G について，

(ⅰ) $\overrightarrow{OG}=\dfrac{1}{3}(\overrightarrow{OA}+\overrightarrow{OB}+\overrightarrow{OC})$ (ⅱ) $\overrightarrow{AG}=\dfrac{1}{3}(\overrightarrow{AB}+\overrightarrow{AC})$ (ⅲ) $\overrightarrow{GA}+\overrightarrow{GB}+\overrightarrow{GC}=\vec{0}$

6. ベクトル方程式

(1) 円：$|\overrightarrow{OP}-\overrightarrow{OA}|=r$ (2) 直線：$\overrightarrow{OP}=\overrightarrow{OA}+t\vec{d}$ （t：媒介変数）

(3) $\overrightarrow{OP}=\alpha\overrightarrow{OA}+\beta\overrightarrow{OB}$

(ⅰ) 直線 AB：$\alpha+\beta=1$ (ⅱ) 線分 AB：$\alpha+\beta=1,\ \alpha\geqq 0,\ \beta\geqq 0$

など

7. △ABC の面積 S

$$S=\frac{1}{2}\sqrt{|\overrightarrow{AB}|^2|\overrightarrow{AC}|^2-(\overrightarrow{AB}\cdot\overrightarrow{AC})^2}=\frac{1}{2}|x_1y_2-x_2y_1|$$

講義 Lecture ② 空間ベクトル （数学 C）

テーマ

▶ 空間ベクトル

（分点公式，内積など）

▶ 空間ベクトルの応用

（球面，直線，平面など）

講義② 空間ベクトル

　これから，**空間ベクトル**について解説しよう。エッ，難しそうだって？
大丈夫！　これまで勉強してきた平面ベクトルの知識がかなり使えるから
ね。もちろん，空間ベクトル独特のものもある。ここではまず，空間・平
面ベクトルの共通点と相異点をまとめて書いておこう。

> **(Ⅰ)共通点：** まわり道の原理，内分点・外分点の公式，内積の定義，
> 　　　内積の演算 (整式と同じように計算できる) など。
> **(Ⅱ)相異点：** 空間ベクトルで任意のベクトル $\overrightarrow{\mathrm{OP}}$ を表す1次結合の式：
> 　　$\overrightarrow{\mathrm{OP}} = \alpha\overrightarrow{\mathrm{OA}} + \beta\overrightarrow{\mathrm{OB}} + \boxed{\gamma\overrightarrow{\mathrm{OC}}}$ ← これが，1つ増える！
> 　　空間ベクトル $\vec{a}$ の成分表示：$\vec{a} = (x,\ y,\ \boxed{z})$ ← z 成分が1つ増える！

　このような，共通点，相違点に気を付けながら，勉強していこう。

§1. 空間ベクトルの基本を押さえよう！

● 空間ベクトルでは，z 成分に注意しよう！

　空間ベクトルでは，図1に示すよ
うに，同一平面上になく，かつ $\vec{0}$ で
もない3つのベクトル $\vec{a}$, $\vec{b}$, $\vec{c}$ の1
次結合で，任意の空間ベクトル $\vec{p}$ を
次のように表すことができる。

図1　空間ベクトルの1次結合
$$\alpha\vec{a} + \beta\vec{b} + \gamma\vec{c}$$

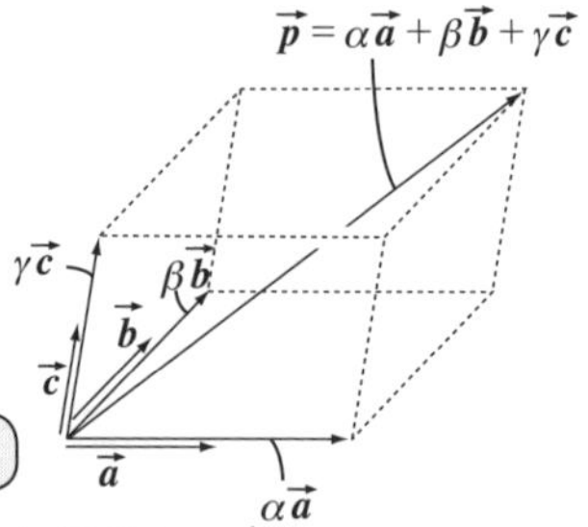

$$\vec{p} = \alpha\vec{a} + \beta\vec{b} + \gamma\vec{c}$$

> 空間ベクトルの1次結合では，この項が新たに加わる！

(ただし，$\vec{a}$, $\vec{b}$, $\vec{c}$ は $\vec{0}$ でなく，かつ同一平面上にない。)

> このような関係のベクトルを "1次独立" なベクトル $\vec{a}$, $\vec{b}$, $\vec{c}$ という。

　また，空間ベクトルで，$\vec{a}$ を成分表示する場合，図2のように，$\vec{a}$ の始
点を原点にもってきたときの終点の座標 $(x_1,\ y_1,\ z_1)$ が $\vec{a}$ の成分になる。
よって，$\vec{a}$ の**大きさ** $|\vec{a}|$ もまとめて，次に示そう。

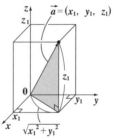

図 2 空間ベクトルの成分表示

空間ベクトルの成分表示と大きさ

$\vec{a} = (x_1, \ y_1, \ \boxed{z_1})$ のとき，

$|\vec{a}| = \sqrt{x_1{}^2 + y_1{}^2 + \boxed{z_1{}^2}}$

z 成分が
新たに加わる！

内積の定義は，平面のときと同様，

$\vec{a} \cdot \vec{b} = |\vec{a}||\vec{b}| \cos\theta \ (\theta : \vec{a} \ \text{と} \ \vec{b} \ \text{のなす角})$ だ。ここで，

$\vec{a} = (x_1, \ y_1, \ z_1)$，$\vec{b} = (x_2, \ y_2, \ z_2)$ と成分表示された場合，z 成分の分だけ
少し複雑になるけれど，$\cos\theta$ は次のように計算できる。

内積の成分表示

$\vec{a} = (x_1, \ y_1, \ z_1)$，$\vec{b} = (x_2, \ y_2, \ z_2)$ のとき，

(1) $\vec{a} \cdot \vec{b} = x_1 x_2 + y_1 y_2 + z_1 z_2$

(2) $\vec{a} \cdot \vec{b} = |\vec{a}||\vec{b}| \cos\theta$ より，

z 成分が
新たに加わる！

$$\cos\theta = \frac{\vec{a} \cdot \vec{b}}{|\vec{a}||\vec{b}|} = \frac{x_1 x_2 + y_1 y_2 + \boxed{z_1 z_2}}{\sqrt{x_1{}^2 + y_1{}^2 + \boxed{z_1{}^2}}\sqrt{x_2{}^2 + y_2{}^2 + \boxed{z_2{}^2}}}$$

それでは，空間ベクトルの内積の問題を 1 つ解いてみよう。

◆例題 4 ◆

$\vec{a} = (x, \ -2, 1)$，$\vec{b} = (2, 1, x)$，$\vec{c} = (4, x, y)$ がある。$\vec{a}$ と $\vec{b}$ のなす角は $60°$
で，$\vec{a}$ と $\vec{c}$ が垂直になるとき，x，y の値を求めよ。 （東京歯大）

解答

$\overbrace{|\vec{a}| = \sqrt{x^2 + 5}}^{\sqrt{x^2 + (-2)^2 + 1^2}}$，$\overbrace{|\vec{b}| = \sqrt{x^2 + 5}}^{\sqrt{2^2 + 1^2 + x^2}}$，$\overbrace{\vec{a} \cdot \vec{b} = 3x - 2}^{x \cdot 2 - 2 \cdot 1 + 1 \cdot x}$

$\vec{a}$ と $\vec{b}$ のなす角が $60°$ より，

$\vec{a} \cdot \vec{b} = |\vec{a}||\vec{b}|\overbrace{\cos 60°}^{\frac{1}{2}}$，$\quad 3x - 2 = \sqrt{x^2 + 5} \cdot \sqrt{x^2 + 5} \cdot \frac{1}{2}$

$6x - 4 = x^2 + 5$，$\quad x^2 - 6x + 9 = 0$，$\quad (x - 3)^2 = 0$ $\quad \therefore x = 3$ ……①

$\vec{a} \perp \vec{c}$ より, $\vec{a} \cdot \vec{c} = 0$ ← これも, 平面ベクトルのときと全く同じだ。

$$\vec{a} \cdot \vec{c} = 2\underset{3}{(x)} + y = 0, \qquad 6 + y = 0 \ (\because ①) \qquad \therefore y = -6$$

上段: $x \cdot 4 - 2 \cdot x + 1 \cdot y$

以上より, x, y の値は, $x = 3$, $y = -6$ である。……………………(答)

このように, 空間ベクトルでは, 平面ベクトルに比べて, **1**次結合では**1**次独立な**3**つのベクトルが必要なこと, そして, 内積も含めた成分表示では z 成分の項が新たに加わることに要注意だ。でも, それ以外については, 平面ベクトルの知識がそのまま利用できる。次の例題を解いてごらん。

◆例題 5 ◆

正四面体 ABCD において, $\overrightarrow{AB} = \vec{b}$, $\overrightarrow{AC} = \vec{c}$, $\overrightarrow{AD} = \vec{d}$ とし, 辺 AB, AC, CD, BD の中点をそれぞれ P, Q, R, S とする。このとき, 4 点 P, Q, R, S は同一平面上にあることを示し, さらに四角形 PQRS は正方形になることを示せ。 (弘前大)

解答

右図から, $\overrightarrow{AP}$, $\overrightarrow{AQ}$, $\overrightarrow{AR}$, $\overrightarrow{AS}$ は,

$$\begin{cases} \overrightarrow{AP} = \dfrac{1}{2}\vec{b} & \cdots\cdots\cdots① \\[4pt] \overrightarrow{AQ} = \dfrac{1}{2}\vec{c} & \cdots\cdots\cdots② \\[4pt] \overrightarrow{AR} = \dfrac{1}{2}(\vec{c}+\vec{d}) & \cdots\cdots③ \\[4pt] \overrightarrow{AS} = \dfrac{1}{2}(\vec{b}+\vec{d}) & \cdots\cdots④ \end{cases}$$

①② ← ベクトルの実数倍
③④ ← 内分点の公式

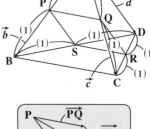

となる。ここで, $\overrightarrow{PR}$ が $\overrightarrow{PQ}$, $\overrightarrow{PS}$ の **1** 次結合で表されるならば, 4 点 P, Q, R, S は同一平面上にあると言える。調べてみよう。

・$\overrightarrow{PR} = \overrightarrow{AR} - \overrightarrow{AP}$ ← まわり道の原理

$$= \frac{1}{2}(\vec{c}+\vec{d}) - \frac{1}{2}\vec{b} = \frac{1}{2}(\vec{c}+\vec{d}-\vec{b}) \quad \cdots\cdots⑤ \quad (③, ①より)$$

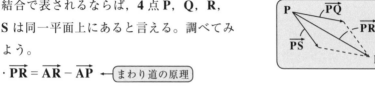

・$\overrightarrow{PQ} = \overrightarrow{AQ} - \overrightarrow{AP}$　←まわり道の原理

　　$= \dfrac{1}{2}\vec{c} - \dfrac{1}{2}\vec{b} = \dfrac{1}{2}(\vec{c} - \vec{b})$ ……⑥ （②，①より）

・$\overrightarrow{PS} = \overrightarrow{AS} - \overrightarrow{AP}$　←まわり道の原理

　　$= \dfrac{1}{2}(\cancel{\vec{b}} + \vec{d}) - \dfrac{1}{2}\cancel{\vec{b}} = \dfrac{1}{2}\vec{d}$ ……⑦ （④，①より）

以上⑤，⑥，⑦より，$\underset{\boxed{\frac{1}{2}(\vec{c}+\vec{d}-\vec{b})}}{\overrightarrow{PR}} = \underset{\boxed{\frac{1}{2}(\vec{c}-\vec{b})}}{1 \cdot \overrightarrow{PQ}} + \underset{\boxed{\frac{1}{2}\vec{d}}}{1 \cdot \overrightarrow{PS}}$　←平面ベクトルの1次結合の式

よって，$\overrightarrow{PR}$ は，$\overrightarrow{PQ}$ と $\overrightarrow{PS}$ の1次結合で表されるので，これら3つのベクトルは同一平面上にある。よって，**4点 P，Q，R，S は同一平面上にある**と言えるんだね。……………………………………………………………(終)

正四面体の1辺の長さを a とおくと，中点連結の定理より，

$PQ = QR = RS = SP = \dfrac{1}{2}a$　となる。

よって，四角形 PQRS は，4つの辺の長さが
等しいのでひし形と言える。

さらに，⑥，⑦より，$\overrightarrow{PQ}$ と $\overrightarrow{PS}$ の内積を調べると，

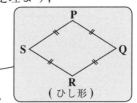
（ひし形）

$\overrightarrow{PQ} \cdot \overrightarrow{PS} = \dfrac{1}{2}(\vec{c} - \vec{b}) \cdot \dfrac{1}{2}\vec{d} = \dfrac{1}{4}(\vec{c} \cdot \vec{d} - \vec{b} \cdot \vec{d})$ ……⑧　←内積の演算

ここで，$\begin{cases} \underset{\boxed{a}}{\vec{c}} \cdot \underset{\boxed{a}}{\vec{d}} = |\vec{c}| \cdot |\vec{d}| \underset{\boxed{\frac{1}{2}}}{\cos 60°} = \dfrac{1}{2}a^2 \cdots\cdots⑨ \\[3mm] \vec{b} \cdot \vec{d} = |\vec{b}| \cdot |\vec{d}| \cos 60° = \dfrac{1}{2}a^2 \cdots\cdots⑩ \end{cases}$

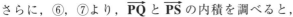

よって，⑨，⑩を⑧に代入すると，

$\overrightarrow{PQ} \cdot \overrightarrow{PS} = \dfrac{1}{4}\left(\dfrac{1}{2}a^2 - \dfrac{1}{2}a^2\right) = 0$　となるので，

$\angle QPS = 90°$ となる。以上より，

四角形 PQRS は正方形になる。　…………(終)

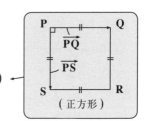
（正方形）

このように，ベクトルの実数倍，内分点の公式，まわり道の原理など…，平面ベクトルの公式や考え方が，そのまま空間ベクトルでも利用できることが分かったと思う。大丈夫だった？

● △ABCの面積公式も同様だ！

座標空間内の△ABCの面積 S も，平面ベクトルで教えた公式とまったく同様の公式で求められる。

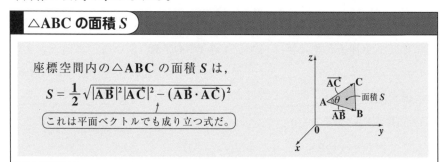

△ABC の面積 S

座標空間内の△ABC の面積 S は，

$$S = \frac{1}{2}\sqrt{|\overrightarrow{AB}|^2|\overrightarrow{AC}|^2 - (\overrightarrow{AB}\cdot\overrightarrow{AC})^2}$$

これは平面ベクトルでも成り立つ式だ。

ただし，平面ベクトルのときの便利な成分表示の公式：

$$S = \frac{1}{2}|x_1y_2 - x_2y_1| \quad は， \quad \overrightarrow{AB} = (x_1, y_1), \ \overrightarrow{AC} = (x_2, y_2) \text{ のとき。}$$

空間ベクトルでは，もちろん成り立たない。では，例題を解いておこう。

◆例題 6 ◆

座標空間内の 3 点 A(1, 1, 1)，B(2, 3, 0)，C(4, 1, 2) によりできる△ABC の面積 S を求めよ。

解答

$$\begin{cases} \overrightarrow{AB} = \overrightarrow{OB} - \overrightarrow{OA} = (2, 3, 0) - (1, 1, 1) = (1, 2, -1) \\ \overrightarrow{AC} = \overrightarrow{OC} - \overrightarrow{OA} = (4, 1, 2) - (1, 1, 1) = (3, 0, 1) \end{cases}$$

よって，$|\overrightarrow{AB}|^2 = 1^2 + 2^2 + (-1)^2 = 6$，$|\overrightarrow{AC}|^2 = 3^2 + 0^2 + 1^2 = 10$

$\overrightarrow{AB}\cdot\overrightarrow{AC} = 1 \times 3 + 2 \times 0 + (-1) \times 1 = 2$

以上より，求める△ABC の面積 S は，

$$S = \frac{1}{2}\sqrt{6 \times 10 - 2^2} = \frac{1}{2}\underset{\boxed{4 \times 14}}{\sqrt{56}} = \sqrt{14} \quad\cdots\cdots\text{(答)}$$

● 分点公式も成分表示に気を付けよう！

空間ベクトルにおいても，点 P が線分 AB を $m:n$（または，$t:1-t$）に内分するとき，

$$\overrightarrow{\mathrm{OP}} = \frac{n\overrightarrow{\mathrm{OA}} + m\overrightarrow{\mathrm{OB}}}{m+n} \quad (\text{または，} \overrightarrow{\mathrm{OP}} = (1-t)\overrightarrow{\mathrm{OA}} + t\overrightarrow{\mathrm{OB}}) \quad \text{となること，}$$

また，点 Q が線分 AB を $m:n$ に外分するとき，

$$\overrightarrow{\mathrm{OQ}} = \frac{-n\overrightarrow{\mathrm{OA}} + m\overrightarrow{\mathrm{OB}}}{m-n} \quad \text{となることは，平面ベクトルのときと変わらない。}$$

でも，空間ベクトルにおいて，$\overrightarrow{\mathrm{OA}} = (x_1, y_1, z_1)$，$\overrightarrow{\mathrm{OB}} = (x_2, y_2, z_2)$ のように成分表示で表されるとき，内分点，外分点の公式も次のように成分で表せるんだね。

■ 内分点，外分点の公式

空間ベクトル $\overrightarrow{\mathrm{OA}} = (x_1, y_1, z_1)$，$\overrightarrow{\mathrm{OB}} = (x_2, y_2, z_2)$ に対して，

（Ⅰ）点 P が線分 AB を $m:n$（または，$t:1-t$）に内分するとき，

$$\overrightarrow{\mathrm{OP}} = \left(\frac{nx_1 + mx_2}{m+n}, \ \frac{ny_1 + my_2}{m+n}, \ \frac{nz_1 + mz_2}{m+n} \right)$$

$$(\text{または，} \overrightarrow{\mathrm{OP}} = ((1-t)x_1 + tx_2, (1-t)y_1 + ty_2, (1-t)z_1 + tz_2))$$

（Ⅱ）点 Q が線分 AB を $m:n$ に外分するとき，

$$\overrightarrow{\mathrm{OQ}} = \left(\frac{-nx_1 + mx_2}{m-n}, \ \frac{-ny_1 + my_2}{m-n}, \ \frac{-nz_1 + mz_2}{m-n} \right)$$

> 空間ベクトルでは，z 成分の項が新たに加わる。

以上で，空間ベクトルの基本についての解説は終了だ。次の演習問題で，実践的に練習してみよう！

演習問題 9　　難易度 ★★★　　CHECK1　　CHECK2　　CHECK3

四面体 **ABCD** において，**BD** を 3：1 に内分する点を **E**，**CE** を 2：3 に内分する点を **F**，**AF** を 1：2 に内分する点を **G**，直線 **DG** が △**ABC** と交わる点を **H** とする。

$\overrightarrow{AB} = \vec{b}$，$\overrightarrow{AC} = \vec{c}$，$\overrightarrow{AD} = \vec{d}$ とおくとき，

(1) $\overrightarrow{AF}$ を $\vec{b}, \vec{c}, \vec{d}$ を用いて表せ。

(2) $\overrightarrow{DH}$ を $\vec{b}, \vec{c}, \vec{d}$ を用いて表し，比 **DG：GH** を求めよ。　　（大分大）

ヒント! (1) 内分点の公式を 2 回使えば，$\overrightarrow{AF}$ を $\vec{b}, \vec{c}, \vec{d}$ で表せるはずだ。(2) では，さらに，$\overrightarrow{AG}$，$\overrightarrow{DG}$，$\overrightarrow{DH}$，$\overrightarrow{AH}$ の順に，$\vec{b}, \vec{c}, \vec{d}$ で表していき，最後の $\overrightarrow{AH}$ は平面 **ABC** 上のベクトルだから，$\vec{b}, \vec{c}$ のみで表されることに気付けばいいんだよ。頑張れ。

解答＆解説

ココがポイント

(1) **BE：ED = 3：1** より，（図 1 参照）

⇦図1
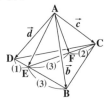

$$\overrightarrow{AE} = \frac{1 \overset{\vec{b}}{(\overrightarrow{AB})} + 3 \overset{\vec{d}}{(\overrightarrow{AD})}}{3+1} = \frac{\vec{b} + 3\vec{d}}{4} \quad \cdots\cdots ①$$

また，**CF：FE = 2：3** より，

$$\overrightarrow{AF} = \frac{3 \overset{\vec{c}}{(\overrightarrow{AC})} + 2 \overset{\frac{\vec{b}+3\vec{d}}{4}}{(\overrightarrow{AE})}}{2+3} = \frac{6\vec{c} + \vec{b} + 3\vec{d}}{10} \quad (①より)$$

$$\therefore \overrightarrow{AF} = \frac{1}{10}\vec{b} + \frac{3}{5}\vec{c} + \frac{3}{10}\vec{d} \quad \cdots\cdots② \quad \cdots\cdots（答）$$

(2) **AG：GF = 1：2** より，（図 2 参照）

⇦図2
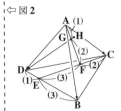

$$\overrightarrow{AG} = \frac{1}{3}\overrightarrow{AF} = \frac{1}{3}\left(\frac{1}{10}\vec{b} + \frac{3}{5}\vec{c} + \frac{3}{10}\vec{d}\right) \quad (②より)$$

$$\therefore \overrightarrow{AG} = \frac{1}{30}\vec{b} + \frac{1}{5}\vec{c} + \frac{1}{10}\vec{d} \quad \cdots\cdots③$$

$$\overrightarrow{DG} = \underset{\sim}{\overrightarrow{AG}} - \overset{\vec{d}}{(\overrightarrow{AD})} \quad \cdots\cdots④$$

まわり道の原理

③を④に代入して，

$$\overrightarrow{DG} = \frac{1}{30}\vec{b} + \frac{1}{5}\vec{c} + \frac{1}{10}\vec{d} - \vec{d}$$

$$\therefore \overrightarrow{DG} = \frac{1}{30}\vec{b} + \frac{1}{5}\vec{c} - \frac{9}{10}\vec{d} \quad \cdots\cdots ⑤$$

$\overrightarrow{DH} /\!/ \overrightarrow{DG}$ より，$\overrightarrow{DH} = k\overrightarrow{DG}$（$k$：実数）とおけるから，

$$\overrightarrow{DH} = k\overrightarrow{DG} = k\left(\frac{1}{30}\vec{b} + \frac{1}{5}\vec{c} - \frac{9}{10}\vec{d}\right) \quad（⑤より）$$

$$\therefore \overrightarrow{DH} = \frac{k}{30}\vec{b} + \frac{k}{5}\vec{c} - \frac{9k}{10}\vec{d} \quad \cdots\cdots ⑥ \qquad ここで，$$

まわり道の原理

$$\overrightarrow{AH} = \overrightarrow{AD} + \overrightarrow{DH} \quad \cdots\cdots ⑦$$

⑥を⑦に代入して，

$$\overrightarrow{AH} = \vec{d} + \frac{k}{30}\vec{b} + \frac{k}{5}\vec{c} - \frac{9k}{10}\vec{d}$$

$$\therefore \overrightarrow{AH} = \frac{k}{30}\vec{b} + \frac{k}{5}\vec{c} + \left(\boxed{1 - \frac{9}{10}k}\right)^{0}\vec{d} \quad \cdots\cdots ⑧$$

ここで，$\overrightarrow{AH}$ は，平面 ABC 上のベクトルなので，$\vec{b}$ と $\vec{c}$ のみの 1 次結合で表される。よって，⑧の $\vec{d}$ の係数は 0 である。（図 3 参照）

$$1 - \frac{9}{10}k = 0, \qquad \frac{9}{10}k = 1 \quad \therefore k = \frac{10}{9}$$

これを⑥に代入して，

$$\overrightarrow{DH} = \frac{1}{30} \times \frac{10}{9}\vec{b} + \frac{1}{5} \times \frac{10}{9}\vec{c} - \frac{9}{10} \times \frac{10}{9}\vec{d}$$

$$\therefore \overrightarrow{DH} = \frac{1}{27}\vec{b} + \frac{2}{9}\vec{c} - \vec{d} \quad \cdots\cdots\cdots\cdots\cdots\cdots\cdots（答）$$

また，$\overrightarrow{DH} = k\overrightarrow{DG} = \frac{10}{9}\overrightarrow{DG}$ より，

$$DG : GH = 9 : 1 \text{ である。} \quad \cdots\cdots\cdots\cdots\cdots\cdots\cdots（答）$$

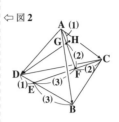

⇦ 図 2

⇦ 図 3

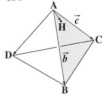

$\overrightarrow{AH} = s\vec{b} + t\vec{c}$ の形で表される。

⇦ $\overrightarrow{DH} = \overset{k}{\left(\frac{10}{9}\right)}\overrightarrow{DG}$ より

§2. 空間ベクトルを図形に応用しよう！

● 直線と球面のベクトル方程式にチャレンジだ！

まず，空間における**直線のベクトル方程式**を書いておこう。形式的には，平面ベクトルのときとまったく同じだから，覚えやすいはずだね。

直線のベクトル方程式

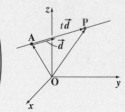

$\overrightarrow{OP} = \overrightarrow{OA} + t\vec{d}$ …(∗)

（動点 P は，点 A を通り **方向ベクトル $\vec{d}$** の直線を描く。(t：媒介変数)

> 媒介変数 t の値を変化させると，動点 P は，空間内に直線を描く！

ここで，$\overrightarrow{OP} = (x, y, z)$，$\overrightarrow{OA} = (a, b, c)$，$\vec{d} = (l, m, n)$ とおいて，これらを方程式 $\overrightarrow{OP} = \overrightarrow{OA} + t\vec{d}$ に代入すると，

$$(x, y, z) = (a, b, c) + t(l, m, n) = (a + tl, b + tm, c + tn)$$

よって，$x = a + tl$, $y = b + tm$, $z = c + tn$ となる。ここで，$lmn \neq 0$ のとき，これらを $= t$ の形に書くと，$\boxed{\dfrac{x-a}{l} = \dfrac{y-b}{m} = \dfrac{z-c}{n}} = t$ となる。この形の直線の方程式も覚えておくといい。

> 通る点 $A(a, b, c)$，方向ベクトル $\vec{d} = (l, m, n)$ の，座標空間における直線の方程式 $(lmn \neq 0)$

例題を 1 つ。

通る点 $A(1, -2, 3)$，方向ベクトル $\vec{d} = (2, 3, -1)$ の直線 l の方程式は，

$$\dfrac{x-1}{2} = \underbrace{\dfrac{y+2}{3}}_{\overset{y-(-2)}{}} = \dfrac{z-3}{-1}$$

となる。大丈夫？

> もちろん，次式でもいい。
> $(x, y, z) = (1, -2, 3) + t(2, 3, -1)$
> $[\ \ \overrightarrow{OP}\ \ =\ \ \overrightarrow{OA}\ \ +\ \ t\vec{d}\ \ ]$

ここで，異なる 2 点 A，B を通る直線は，(∗) の方向ベクトル $\vec{d}$ の代わりに $\overrightarrow{AB}$ を用いればいいだけなので，

$\overrightarrow{OP} = \overrightarrow{OA} + t\overrightarrow{AB}$　これを変形して，

(ⅰ) 直線 AB の方程式は

$$\overrightarrow{OP} = \alpha\overrightarrow{OA} + \beta\overrightarrow{OB}$$

$(\alpha + \beta = 1)$　となる。また，

> これを変形して，
> $\overrightarrow{OP} = \overrightarrow{OA} + t(\overrightarrow{OB} - \overrightarrow{OA})$
> $= \underbrace{(1-t)}_{\alpha}\overrightarrow{OA} + \underbrace{t}_{\beta}\overrightarrow{OB}$　$(\alpha + \beta = 1)$

40

（ⅱ）線分 **AB** の方程式は

$\overrightarrow{OP} = \alpha\overrightarrow{OA} + \beta\overrightarrow{OB}$ $(\alpha + \beta = 1, \ \alpha \geqq 0, \ \beta \geqq 0)$ であり，また，

（ⅲ）△**OAB** の周，または内部を表す方程式は

$\overrightarrow{OP} = \alpha\overrightarrow{OA} + \beta\overrightarrow{OB}$ $(\alpha + \beta \leqq 1, \ \alpha \geqq 0, \ \beta \geqq 0)$ となる。

では次に，**球面のベクトル方程式**を書いておこう。これも，形式的には，平面ベクトルの円の方程式とまったく同じなんだね。

球面のベクトル方程式

$\left|\overrightarrow{OP} - \overrightarrow{OA}\right| = r$

$\begin{pmatrix} 動点 \mathbf{P} は，中心 \mathbf{A}, \\ 半径 r の球面を描く。 \end{pmatrix}$

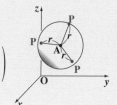

空間において，点 **A** から等距離 r を保って動く動点 **P** は，**A** を中心とする半径 r の球面を描くことになる。

$\overrightarrow{OP} = (x, y, z)$, $\overrightarrow{OA} = (a, b, c)$ とすると，

$\overrightarrow{OP} - \overrightarrow{OA} = (x - a, y - b, z - c)$ だね。よって，$\left|\overrightarrow{OP} - \overrightarrow{OA}\right| = r$ は，

$\sqrt{(x-a)^2 + (y-b)^2 + (z-c)^2} = r$ となる。この両辺を 2 乗して，

$(x-a)^2 + (y-b)^2 + (z-c)^2 = r^2$ ← 中心 $\mathbf{A}(a, b, c)$，半径 r の座標空間における球面の方程式だ！

よって，たとえば，球面 S が $(x-1)^2 + y^2 + (z-2)^2 = 9$ の方程式で与えられた場合，S は中心 $\mathbf{A}(1, 0, 2)$，半径 $r = 3$ の球面なんだね。

● 平面の方程式までマスターしよう！

まず，空間座標における**平面のベクトル方程式**から解説する。xyz 座標空間上の平面のベクトル方程式は，

$\begin{cases} （ⅰ）その平面が通る点 \mathbf{A}(x_1, y_1, z_1) を定め， \\ （ⅱ）その平面内の平行でなく，かつ \vec{0} でもない 2 つのベクトル \vec{d_1} と \vec{d_2} \\ \quad を指定すれば，決定できる。 \end{cases}$

動ベクトル $\overrightarrow{OP} = (x, y, z)$ とおくと，媒介変数 s と t の 2 つを使って，空

平面は 2 次元なので，媒介変数も 2 つ必要になる！

間座標における**平面のベクトル方程式**は次のように表される。

41

点 $A(x_1, y_1, z_1)$ を通り，互いに平行で
ない 2 つのベクトル $\vec{d_1}$，$\vec{d_2}$ の両方に
平行な平面 π の方程式は，次のよう
に表される。

$$\overrightarrow{OP} = \overrightarrow{OA} + s\vec{d_1} + t\vec{d_2}$$
$$(s, t：媒介変数)$$
$$(\vec{d_1} \not\parallel \vec{d_2}, \ \vec{d_1} \neq \vec{0}, \ \vec{d_2} \neq \vec{0})$$

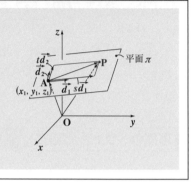

まわり道の原理を使えば，$\overrightarrow{OP} = \overrightarrow{OA} + \overrightarrow{AP}$ で，$\overrightarrow{AP}$ は $\overrightarrow{AP} = s\vec{d_1} + t\vec{d_2}$ だから，

定ベクトル　動ベクトル

媒介変数 s と t を変化させることによって，動点 P が，点 A を通り $\vec{d_1}$ と
$\vec{d_2}$ の両方に平行な平面 π 上を自由に動くことがわかると思う。

次に，点 $A(x_1, y_1, z_1)$ を通り，**法線ベクトル**が $\vec{h} = (a, b, c)$ の平面につ
いても解説しておこう。**法線ベクトル $\vec{h}$** とは，平面に対して垂直なベクト
ルのことで，これを使って，空間座標における**平面の方程式**を次のように
表すことができる。これも，重要公式だ。

平面の方程式

点 $A(x_1, y_1, z_1)$ を通り，法線ベクト
ルが $\vec{h} = (a, b, c)$ である平面 α の方
程式は次のように表される。

$$a(x - x_1) + b(y - y_1) + c(z - z_1) = 0$$

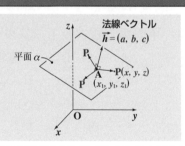

この平面 α 上を自由に動く動点を $P(x, y, z)$ とおくと，

$$\overrightarrow{AP} = \overrightarrow{OP} - \overrightarrow{OA} = (x, y, z) - (x_1, y_1, z_1) = (x - x_1, y - y_1, z - z_1)$$

であり，これは法線ベクトル $\vec{h} = (a, b, c)$ と常に垂直になる。

よって，$\vec{h} \perp \overrightarrow{AP}$ より，$\vec{h} \cdot \overrightarrow{AP} = 0$ ← 内積 = 0

$\therefore a(x - x_1) + b(y - y_1) + c(z - z_1) = 0$ ……① ← 内積の成分表示

となって，平面 α の方程式が導けるんだね。

①をさらに変形すると，<u>d (定数)</u>

$ax + by + cz \boxed{- ax_1 - by_1 - cz_1} = 0$ となる。

ここで，$-ax_1 - by_1 - cz_1$ は定数なので，これをまとめて d とおくと，**平面の方程式の一般形：$ax + by + cz + d = 0$** も導ける。これもよく出てくる公式だから，覚えておこう。

したがって，たとえば，点 $\underset{\substack{\uparrow\\x_1\ \ y_1\ \ z_1}}{B(3,\ -1,\ 2)}$ を通り，法線ベクトル $\underset{\substack{\uparrow\\a\ \ b\ \ c}}{\vec{h} = (2,\ -2,\ 1)}$

の平面を β とおくと，平面 β の方程式は，

$2(x - 3) - 2(y + 1) + 1 \cdot (z - 2) = 0$

> 公式：
> $a(x - x_1) + b(y - y_1) + c(z - z_1) = 0$
> を使った！

$\therefore$ 平面 $\beta : 2x - 2y + z - 10 = 0$ となるんだね。

では，空間座標における平面と直線の交点を求める問題を 1 題解いてみよう。

◆ 例題 7 ◆

直線 $l : \dfrac{x - 1}{2} = \dfrac{y + 2}{3} = \dfrac{z - 3}{-1}$ ……① と

平面 $\beta : 2x - 2y + z - 10 = 0$ ……② との交点 P の座標を求めよ。

解答

(i) 右図より，交点 P は直線 l 上

の点より，① $= t$ とおくと，

$\dfrac{x - 1}{2} = \dfrac{y + 2}{3} = \dfrac{z - 3}{-1} = t$

よって，$\begin{cases} x = 2t + 1 & ……③ \\ y = 3t - 2 & ……④ \\ z = -t + 3 & ……⑤ \end{cases}$

$\therefore P(2t + 1, 3t - 2, -t + 3)$ とおける。

> ・$\dfrac{x - 1}{2} = t$ より，
> $x - 1 = 2t$
> $x = 2t + 1$
> ・y, z も同様に求める。

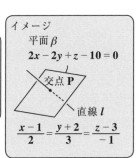
イメージ
平面 β
$2x - 2y + z - 10 = 0$
交点 P
直線 l
$\dfrac{x - 1}{2} = \dfrac{y + 2}{3} = \dfrac{z - 3}{-1}$

(ⅱ) 交点 $\mathrm{P}(\underline{2t+1}, \underline{3t-2}, \underline{-t+3})$ は，当然，

平面 $\beta : \underset{\sim}{2x} - \underset{\sim}{2y} + \underset{=}{z} - 10 = 0$ …②上の点でもあるので，P の x，y，z
座標を②に代入して，

$2(\underline{2t+1}) - 2(\underline{3t-2}) + (\underline{-t+3}) - 10 = 0$　これから，

$3t = -1$　∴ $t = -\dfrac{1}{3}$　これを P の座標に代入すると，

求める交点 P の座標は，$\mathrm{P}\left(\dfrac{1}{3}, -3, \dfrac{10}{3}\right)$ となる。　………………(答)

● 点と平面との間の距離の公式も重要だ！

空間上の点と平面との間の距離 h を求める公式は次のように表される。

▌点と平面との間の距離

平面 $\alpha : ax + by + cz + d = 0$ と，α
上にない点 $\mathrm{A}(x_1, y_1, z_1)$ との間の距
離 h は，次式で求められる。

$$h = \dfrac{|ax_1 + by_1 + cz_1 + d|}{\sqrt{a^2 + b^2 + c^2}}$$

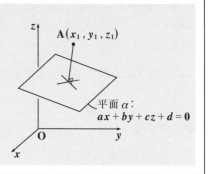

平面 $\alpha :$
$ax + by + cz + d = 0$

これは，"図形と方程式" で学んだ，点
$\mathrm{A}(x_1, y_1)$ と直線 $l : ax + by + c = 0$ との間
の距離 h の公式：

$h = \dfrac{|ax_1 + by_1 + c|}{\sqrt{a^2 + b^2}}$　とよく似た公式なの

で，併せて覚えるといいね。

そして，この距離 h の公式は，座標空間内の球面と平面の交わりの円の
半径を求めるのに役に立つんだね。次の例題で練習しておこう。

◆例題 8 ◆

$$\begin{cases} \text{球面 } S : (x-1)^2 + y^2 + (z-2)^2 = 9 \quad \cdots\cdots① \quad \text{と} \\ \text{平面 } \beta : 2x - 2y + z - 10 = 0 \quad \cdots\cdots\cdots② \quad \text{との交わりの円 } C \end{cases}$$

の半径 r' を求めよ。

解答

球面 S は，①より，中心 $A(1, 0, 2)$，半径 $r = 3$ の球面だね。

この球面 S と平面 β の交わりの円 C と，その中心 A'，半径 r' を右のイメージ (i)(ii) に示す。

イメージ (ii) より，球面 S の中心 A と，交円 C の中心 A' の距離 AA' は，中心 $A(1, 0, 2)$ と平面 β : $2x - 2y + z - 10 = 0$ との間の距離 h に等しい。よって，距離 AA' は

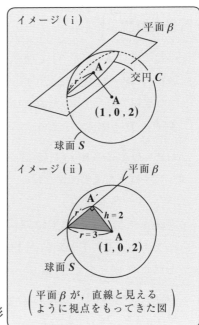

$$h = \frac{|2 \times 1 - 2 \times 0 + 2 - 10|}{\sqrt{2^2 + (-2)^2 + 1^2}}$$

$$= \frac{|-6|}{\sqrt{9}} = \frac{6}{3} = 2 \quad \text{となる。}$$

公式 : $h = \dfrac{|ax_1 + by_1 + cz_1 + d|}{\sqrt{a^2 + b^2 + c^2}}$ を用いた。

これから，イメージ (ii) の直角三角形に三平方の定理を用いると，

$$r'^2 = r^2 - h^2 = 3^2 - 2^2 = 5$$

∴ 求める交わりの円 C の半径 r' は，$r' = \sqrt{5}$ である。 $\cdots\cdots\cdots\cdots\cdots\cdots$(答)

ねじれの位置にある2直線 (I)

空間の 4 点 A(1, 2, 3)，B(2, 3, 1)，C(3, 1, 2)，D(1, 1, 1) に対して，
2 点 A, B を通る直線を l，2 点 C, D を通る直線を m とする。
(1) l, m のベクトル方程式を求めよ。
(2) l と m は交わらないことを示せ。　　　　　　（旭川医科大＊）

ヒント！ (1) 直線 l は，点 A を通り方向ベクトル $\overrightarrow{AB}$ の直線として，
$\overrightarrow{OP} = \overrightarrow{OA} + t\overrightarrow{AB}$，同様に直線 m は，$\overrightarrow{OQ} = \overrightarrow{OC} + s\overrightarrow{CD}$ と表せるんだね。

解答&解説

ココがポイント

(1) ・直線 l は点 A(1, 2, 3) を通り，方向ベクトル
　　　$\overrightarrow{AB} = \overrightarrow{OB} - \overrightarrow{OA} = (2, 3, 1) - (1, 2, 3)$
　　　　　$= (1, 1, -2)$ の直線なので，この l 上の
　　　動点を P とおくと，l のベクトル方程式は，

　　　$\overrightarrow{OP} = \overrightarrow{OA} + t\overrightarrow{AB} = (1, 2, 3) + t(1, 1, -2)$
　　　　　$= (1 + t, 2 + t, 3 - 2t)$ …① となる。…(答)
　　　　　(t : 媒介変数)

⇦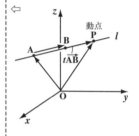

・直線 m も同様に，点 C(3, 1, 2) を通り，方向
　ベクトル $\overrightarrow{CD} = (-2, 0, -1)$ の直線で，m 上
　の動点を Q とおくと，m のベクトル方程式は，

　　$\overrightarrow{OQ} = \overrightarrow{OC} + s\overrightarrow{CD} = (3, 1, 2) + s(-2, 0, -1)$
　　　　$= (3 - 2s, 1, 2 - s)$ …② となる。…(答)
　　　　(s : 媒介変数)

⇦ $\overrightarrow{CD} = \overrightarrow{OD} - \overrightarrow{OC}$
　　$= (1, 1, 1) - (3, 1, 2)$
　　$= (-2, 0, -1)$

(2) l 上の点 P と m 上の点 Q が一致するとすれば，①, ②より，

$$\begin{cases} 1 + t = 3 - 2s & \cdots③ \\ 2 + t = 1 & \cdots\cdots④ \\ 3 - 2t = 2 - s & \cdots⑤ \end{cases}$$
　ここで，④より $t = -1$

∴③より $s = \dfrac{3}{2}$ となるが，このとき⑤は $5 = \dfrac{1}{2}$ と

なって，成り立たない。よって l と m は交わらない。
　　　　　　　　　　　　　　　　　　　　　　………(終)

⇦ P, Q の x, y 座標が等しく
ても，z 座標が一致しない
ので，l と m は交わらない。
一般に，平行でなく，かつ，

$\overrightarrow{AB} \neq k\overrightarrow{CD}$ だからね。

交わらない 2 直線のこと
を "ねじれの位置" にあ
る 2 直線という。

ねじれの位置にある 2 直線 (Ⅱ)

点 A$(4,\ 2,\ 7)$ を通りベクトル $\vec{a}=(2,\ 1,\ 4)$ に平行な直線を l, 点 B $(2,\ 12,\ -5)$ を通りベクトル $\vec{b}=(1,\ 3,\ -3)$ に平行な直線を m とし, 直線 l 上の点を P, 直線 m 上の点を Q とする。線分 PQ が直線 l および直線 m と垂直であるものとする。このとき, 次の問いに答えよ。

(1) 点 P と点 Q の座標を求め, $\overrightarrow{PQ}$ を成分表示せよ。

(2) 直線 m を含み, 直線 l と平行な平面の方程式を求めよ。　（明治大 ＊）

ヒント! (1) $\overrightarrow{OP}=\overrightarrow{OA}+s\vec{a}$, $\overrightarrow{OQ}=\overrightarrow{OB}+t\vec{b}$ $(s,\ t:$ 媒介変数) とおける。これから, $\overrightarrow{PQ}$ の成分が s と t の式で表されるんだね。後は $\overrightarrow{PQ}\perp\vec{a}$, $\overrightarrow{PQ}\perp\vec{b}$ から, s と t の値を決定しよう。(2) の平面を π とおくと, 平面 π は点 B$(2,12,-5)$ を通り, 法線ベクトル $\overrightarrow{QP}$ の平面になるんだね。

解答＆解説

ココがポイント

(1) 点 P は, 点 A$(4,\ 2,\ 7)$ を通り, 方向ベクトル $\vec{a}=(2,1,4)$ の直線 l 上の点より, 次式が成り立つ。

⇦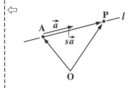

$$\overrightarrow{OP}=\overrightarrow{OA}+s\vec{a}$$
$$=(4,\ 2,\ 7)+\widehat{s(2,\ 1,\ 4)}$$
$$=(2s+4,\ s+2,\ 4s+7)\cdots\cdots① \ (s:\text{媒介変数})$$

同様に, 点 Q は, 点 B$(2,\ 12,\ -5)$ を通り, 方向ベクトル $\vec{b}=(1,\ 3,\ -3)$ の直線 m 上の点より, 次式が成り立つ。

⇦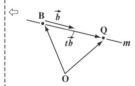

$$\overrightarrow{OQ}=\overrightarrow{OB}+t\vec{b}$$
$$=(2,\ 12,\ -5)+\widehat{t(1,\ 3,\ -3)}$$
$$=(t+2,\ 3t+12,\ -3t-5)\cdots② \ (t:\text{媒介変数})$$

①, ②より, $\overrightarrow{PQ}$ は次のように表される。

⇦ l と m は, ねじれの位置にある。

$$\overrightarrow{PQ}=\overrightarrow{OQ}-\overrightarrow{OP} \ \leftarrow\boxed{\text{まわり道の原理}}$$
$$=(t+2,\ 3t+12,\ -3t-5)-(2s+4,\ s+2,\ 4s+7)$$
$$=(t-2s-2,\ 3t-s+10,\ -3t-4s-12)$$

ここで, 線分 PQ は, 直線 l と直線 m の両方に直交する。よって,

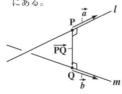

(ⅰ) $\overrightarrow{PQ}\perp\vec{a}$ より, $\overrightarrow{PQ}\cdot\vec{a}=0\cdots\cdots③$ かつ,

(ⅱ) $\overrightarrow{PQ}\perp\vec{b}$ より, $\overrightarrow{PQ}\cdot\vec{b}=0\cdots\cdots④$ となる。

$\overrightarrow{PQ}\perp\vec{a}$, $\overrightarrow{PQ}\perp\vec{b}$ より,
$\overrightarrow{PQ}\cdot\vec{a}=0$ かつ,
$\overrightarrow{PQ}\cdot\vec{b}=0$ となる。

（ i ）$\overrightarrow{PQ} \cdot \vec{a} = 2 \cdot (t - 2s - 2) + 1 \cdot (3t - s + 10)$

$\qquad\qquad + 4(-3t - 4s - 12)$

$\qquad = \boxed{-7t - 21s - 42 = 0} \cdots\cdots ③$ より，

$\qquad t + 3s + 6 = 0 \cdots\cdots ③'$ となる。

（ ii ）$\overrightarrow{PQ} \cdot \vec{b} = 1 \cdot (t - 2s - 2) + 3(3t - s + 10)$

$\qquad\qquad - 3 \cdot (-3t - 4s - 12)$

$\qquad = \boxed{19t + 7s + 64 = 0} \cdots\cdots ④$

以上（ i ），（ ii ）より，

$$\begin{cases} t + 3s + 6 = 0 \cdots\cdots ③' \\ 19t + 7s + 64 = 0 \cdots\cdots ④ \end{cases}$$ これを解いて，

$s = -1$，$t = -3$ となる。

これらを，①，②に代入して，

$\overrightarrow{OP} = (2, 1, 3)$，$\overrightarrow{OQ} = (-1, 3, 4)$

$\therefore P(2, 1, 3)$，$Q(-1, 3, 4)$ である。 $\cdots\cdots$（答）

また，$\overrightarrow{PQ} = \overrightarrow{OQ} - \overrightarrow{OP} = (-3, 2, 1)$ である。

$\cdots\cdots$（答）

(2) 直線 m を含み，直線 l と平行な平面を π とおく。

右図から明らかに平面 π は，点 $B(2, 12, -5)$

を通り，法線ベクトル

$\overrightarrow{QP} = -\overrightarrow{PQ} = -(-3, 2, 1) = (3, -2, -1)$ をも

つ平面である。よって，求める平面 π の方程式は，

$3(x - 2) - 2(y - 12) - 1 \cdot (z + 5) = 0$ より，

$3x - 2y - z + 13 = 0$ である。 $\cdots\cdots\cdots\cdots$（答）

> 平面 π は，点 $Q(-1, 3, 4)$ を通り，法線ベクトル
> $\overrightarrow{QP} = (3, -2, -1)$ の平面として，
> $3(x + 1) - 2(y - 3) - 1 \cdot (z - 4) = 0$
> $3x - 2y - z + 13 = 0$ と求めても，もちろんいいよ。

⇦ $\overrightarrow{PQ} = (t - 2s - 2,\ 3t - s + 10,$
$\qquad\qquad -3t - 4s - 12)$
$\vec{a} = (2, 1, 4)$

⇦③の両辺を -7 で割った。

⇦ $\overrightarrow{PQ} = (t - 2s - 2,\ 3t - s + 10,$
$\qquad\qquad -3t - 4s - 12)$
$\vec{b} = (1, 3, -3)$

⇦③´より，$t = -3s - 6 \cdots ③''$
③´´を④に代入して，
$19(-3s - 6) + 7s + 64 = 0$
$-50s - 50 = 0$ $\therefore s = -1$
③´´より，$t = -3$

⇦ $\overrightarrow{OP} = (2s + 4,\ s + 2,\ 4s + 7) \cdots ①$
$\overrightarrow{OQ} = (t + 2,\ 3t + 12,\ -3t - 5) \cdots ②$

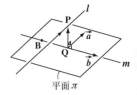
平面 π

$\overrightarrow{QP}$ は $\overrightarrow{QP} \perp \vec{a}$，$\overrightarrow{QP} \perp \vec{b}$
をみたすので，平面 π の
法線ベクトルになる。

直線と球面の中心との距離の最小値

演習問題 12	難易度 ★★	CHECK 1	CHECK2	CHECK3

点 A$(2, 3, -1)$ を通り，方向ベクトル $\vec{d} = (1, 1, 4)$ の直線 l 上に点 P をとり，中心 C$(0, 1, 0)$，半径 $r = 2$ の球面 S 上に点 Q をとる。距離 PQ の最小値を求めよ。

(信州大)

ヒント！ 直線 l 上の点 P は，$\overrightarrow{OP} = \overrightarrow{OA} + t\vec{d}$ (t : 媒介変数) で表されるね。この点 P と球面の中心 C との間の距離 PC の最小値を求め，それから $r = 2$ を引いたものが，PQ の最小値になるんだね。

解答 & 解説

点 A$(2, 3, -1)$ を通り，方向ベクトル $\vec{d} = (1, 1, 4)$ の直線 l 上を動く点を P(x, y, z) とおくと，

$\overrightarrow{OP} = \overrightarrow{OA} + t\vec{d}$ (t : 媒介変数) より，

　直線 l のベクトル方程式

$(x, y, z) = (2, 3, -1) + t(1, 1, 4)$
$= (2+t, 3+t, -1+4t)$

よって，P$(2+t, 3+t, -1+4t)$ となる。

ここで，$\overrightarrow{CP} = \overrightarrow{OP} - \overrightarrow{OC}$
$= (2+t, 3+t, -1+4t) - (0, 1, 0)$
$= (2+t, 2+t, -1+4t)$

$\therefore |\overrightarrow{CP}|^2 = (2+t)^2 + (2+t)^2 + (-1+4t)^2$
$= 2(4+4t+t^2) + 1 - 8t + 16t^2$
$= 18t^2 + 9$

よって，$t = 0$ のとき，$|\overrightarrow{CP}|^2$，すなわち $|\overrightarrow{CP}|$ は最小になり，

最小値 $|\overrightarrow{CP}| = \sqrt{9} = 3$ (> 球面 S の半径 $r = 2$)

以上より，直線 l 上の点 P と，球面 S 上の点 Q の間の距離 PQ の最小値は，CP $= |\overrightarrow{CP}|$ の最小値 3 から球面 S の半径 $r = 2$ を引いたものである。

$\therefore$ 最小値 PQ $= \boxed{3} - \boxed{2} = 1$ ．．．．．．．．．．．．．．．．．(答)
　　　　　 CP の最小値　r

ココがポイント

この問題のイメージを下に示すよ。

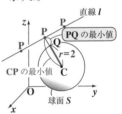

⇦ 直線 l の方程式：
$\dfrac{x-2}{1} = \dfrac{y-3}{1} = \dfrac{z+1}{4} = t$ から
$x = 2+t, \ y = 3+t,$
$z = -1+4t$
を導いてもいい。

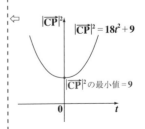

$|\overrightarrow{CP}|^2 = 18t^2 + 9$

$|\overrightarrow{CP}|^2$ の最小値 $= 9$

原点と平面との距離の最大値

xyz 空間座標の 3 点 $(t, 0, 0)$, $\left(0, \dfrac{1}{t}, 0\right)$, $(0, 0, 1)$ を通る平面を α とする。ただし，$t > 0$ とする。

(1) 平面 α の方程式を求めよ。

(2) 原点 O から平面 α に下ろした垂線が α と交わる点を H とする。H の座標を求めよ。

(3) 線分 OH の長さの最大値を求めよ。　　　　　　　　　（東京農工大）

レクチャー　　空間座標で，

3 点 $P(p, 0, 0)$, $Q(0, q, 0)$, $R(0, 0, r)$ を通る平面の方程式は，

$$\dfrac{x}{p} + \dfrac{y}{q} + \dfrac{z}{r} = 1 \quad \cdots ① \quad (pqr \neq 0)$$

となることも覚えておこう。

$\dfrac{1}{p} = a$, $\dfrac{1}{q} = b$, $\dfrac{1}{r} = c$, $-1 = d$ とおくと，①は $ax + by + cz + d = 0$ の形になって，平面の方程式であることがわかるはずだ。そして，$P(p, 0, 0)$ を①に代入してみると，$\dfrac{p}{p} + \dfrac{0}{q} + \dfrac{0}{r} = 1$ となってみ

たす。Q，R を①に代入しても同様にみたす。これから，①は 3 点 P，Q，R を通る平面の方程式であることがわかるね。

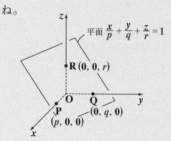

平面 $\dfrac{x}{p} + \dfrac{y}{q} + \dfrac{z}{r} = 1$

$R(0, 0, r)$

O　　Q　　y

P　$(0, q, 0)$
$(p, 0, 0)$

x

解答 & 解説

(1) 平面 α は 3 点 $(t, 0, 0)$, $\left(0, \dfrac{1}{t}, 0\right)$, $(0, 0, 1)$ を通るので，α の方程式は

$$\dfrac{x}{t} + \dfrac{y}{\left(\dfrac{1}{t}\right)} + \dfrac{z}{1} = 1, \quad \dfrac{x}{t} + ty + z = 1 \quad (t > 0)$$

この両辺に t をかけて，平面 α の方程式は，

$$\alpha : x + t^2 y + tz = t \quad \cdots\cdots① \quad (t > 0) \quad \cdots\cdots\cdots(答)$$

これから，α の法線ベクトル $\vec{h} = (1, t^2, t)$ となる。

ココがポイント

⟸ 3 点 $(p, 0, 0)$, $(0, q, 0)$, $(0, 0, r)$ を通る平面の方程式：
$$\dfrac{x}{p} + \dfrac{y}{q} + \dfrac{z}{r} = 1$$
を使った！

(2) 平面 α の法線ベクトルを $\vec{h}$ とおくと，①より，

$$\vec{h} = (1,\ t^2,\ t)$$

原点 O から平面 α に下ろした垂線の足を H と

おくと，$\overrightarrow{OH}\ /\!/\ \vec{h}$ より，

$$\overrightarrow{OH} = k\vec{h} \quad (\ k\ :実数\ ) \longleftarrow \boxed{\text{ベクトルの平行条件}}$$

$$= k(\overbrace{1,\ t^2,\ t}) = (k,\ kt^2,\ kt)\ となる。$$

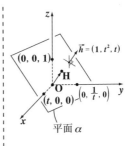

$\text{H}(\underset{\sim}{k},\ \underset{\sim}{k}t^2,\ \underset{\sim}{k}t)$ ……② は平面 α 上の点より， ⟸ k の値はまだ未定

この点の座標を①に代入して成り立つ。よって，

$$k + t^2 \cdot kt^2 + t \cdot kt = t$$

$$(t^4 + t^2 + 1)k = t \quad \therefore\ k = \frac{t}{t^4 + t^2 + 1} \ \cdots\cdots③$$ ⟸ k の値が決まった！

③を②に代入して，求める点 H の座標は，

$$\text{H}\Big(\frac{t}{t^4 + t^2 + 1},\ \frac{t^3}{t^4 + t^2 + 1},\ \frac{t^2}{t^4 + t^2 + 1}\Big) \ \cdots\cdots(答)$$

(3) $\displaystyle \text{OH}^2 = \Big(\frac{t}{t^4 + t^2 + 1}\Big)^2 + \Big(\frac{t^3}{t^4 + t^2 + 1}\Big)^2 + \Big(\frac{t^2}{t^4 + t^2 + 1}\Big)^2$

⟸ 点 O$(0, 0, 0)$ と平面 α : $1 \cdot x + t^2 y + tz - t = 0$ との間の距離の公式から，$\text{OH} = \dfrac{|-t|}{\sqrt{1^2 + t^4 + t^2}}$ として，OH^2 を求めてもいい。

$$= \frac{t^2 + t^6 + t^4}{(t^4 + t^2 + 1)^2} = \frac{t^2(t^4 + t^2 + 1)}{(t^4 + t^2 + 1)^2}$$

$$= \frac{t^2}{t^4 + t^2 + 1} = \frac{1}{t^2 + 1 + \dfrac{1}{t^2}} \longleftarrow \boxed{\begin{array}{l} t>0\ より，\\ 分子・分母を \\ t^2\ で割った！\end{array}}$$

⟸ この分母 $t^2 + \dfrac{1}{t^2} + 1$ が最小 のとき OH^2，すなわち OH (>0) は最大となる。

ここで，この分母に相加・相乗平均の不等式を

用いると，   ⟸ 分母の最小値は，相加・相乗平均で求まる！

$$\boxed{\text{分母の最小値}}$$

$$t^2 + \frac{1}{t^2} + \underset{\sim}{1} \geqq 2 \cdot \sqrt{t^2 \cdot \frac{1}{t^2}} + \underset{\sim}{1} = \boxed{3}$$

⟸ 相加・相乗平均の不等式の両辺に同じ $\underset{\sim}{1}$ をたしても，この不等式は成り立つ。

$$[\text{A} + \text{B} + \underset{\sim}{1} \geqq 2 \cdot \sqrt{\text{A} \cdot \text{B}} + \underset{\sim}{1}]$$

等号成立条件：$t^2 = \dfrac{1}{t^2}$ [A = B] $\therefore\ t = 1$ ⟸ $t^4 = 1$ よって $t>0$ より，$t = 1$ だね。

以上より，$t = 1$ のとき OH^2 の分母は最小値 3   ⟸ 最大値 $\text{OH}^2 = \dfrac{1}{\boxed{3}}\ \boxed{\text{最小値}}$

をとるので，OH の最大値は $\dfrac{1}{\sqrt{3}}$ である。 $\therefore$ 最大値 $\text{OH} = \dfrac{1}{\sqrt{3}}$

$(\because\ \text{OH} > 0)$ …………(答)

平面に関して対称な点

空間座標の原点を O とし，2点 A$(1, -2, 2)$，B$(4, -2, 5)$ をとる。
点 A を通り $\overrightarrow{OA}$ に垂直な平面を α とする。

(1) 平面 α に関し，点 B と対称な点 C の座標を求めよ。

(2) △OBC の面積を求めよ。

(信州大)

ヒント! (1) 平面 α は，点 A を通り，法線ベクトル $\vec{n} = \overrightarrow{OA}$ の平面なんだね。これから $\overrightarrow{BC} /\!/ \overrightarrow{OA}$（平行）であり，また，線分 BC の中点が平面 α 上の点であることから点 C の座標を求めよう。(2) △OBC の面積 S は，公式
$$S = \frac{1}{2}\sqrt{|\overrightarrow{OB}|^2 \cdot |\overrightarrow{OC}|^2 - (\overrightarrow{OB} \cdot \overrightarrow{OC})^2}$$ から求めればいいんだね。

解答 & 解説

(1) 右図に示すように，平面 α は点 A$(1, -2, 2)$ を通り，法線ベクトル $\vec{n} = \overrightarrow{OA} = (1, -2, 2)$ の平面より，

平面 α : $1 \cdot (x-1) - 2 \cdot (y+2) + 2(z-2) = 0$

$x - 2y + 2z - 9 = 0$ ……① となる。

点 P(x_1, y_1, z_1) を通り，法線ベクトル $\vec{n} = (a, b, c)$ の平面の方程式は，$a(x-x_1) + b(y-y_1) + c(z-z_1) = 0$ である。

次に，平面 α に関して，点 B$(4, -2, 5)$ と対称な点 C の座標を C(x_1, y_1, z_1) とおくと，

$\overrightarrow{BC} = \overrightarrow{OC} - \overrightarrow{OB} = (x_1 - 4, y_1 + 2, z_1 - 5)$ となり，

$\overrightarrow{BC} /\!/ \overrightarrow{OA}$（平行）より，媒介変数 t を用いると，

$$\frac{x_1 - 4}{1} = \frac{y_1 + 2}{-2} = \frac{z_1 - 5}{2} = t \,(媒介変数)\ \cdots\cdots②$$

となる。よって②より，x_1, y_1, z_1 は t を用いて，

$$\begin{cases} x_1 = t + 4 & \cdots\cdots③ \\ y_1 = -2t - 2 & \cdots\cdots④ \\ z_1 = 2t + 5 & \cdots\cdots⑤ \end{cases} \quad と表せる。$$

$$\begin{aligned} x_1 - 4 &= t \\ \frac{y_1 + 2}{-2} &= t \\ \frac{z_1 - 5}{2} &= t \end{aligned}$$

次に線分 BC の中点を H とおくと，

$$H\left(\frac{x_1 + 4}{2}, \frac{y_1 - 2}{2}, \frac{z_1 + 5}{2}\right) \cdots\cdots⑥ \quad となる。$$

ココがポイント

⇦イメージ

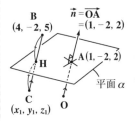

⇦ $\vec{a} = (x_1, y_1, z_1)$ と $\vec{b} = (x_2, y_2, z_2)$ が平行であるとき，
$$\frac{x_1}{x_2} = \frac{y_1}{y_2} = \frac{z_1}{z_2}\,(=t)$$
とおける。

⇦ A(x_1, y_1, z_1)，B(x_2, y_2, z_2) のとき，線分 AB の中点 M は
$$M\left(\frac{x_1 + x_2}{2}, \frac{y_1 + y_2}{2}, \frac{z_1 + z_2}{2}\right)$$
となる。

③, ④, ⑤を

$$H\left(\frac{x_1+4}{2}, \frac{y_1-2}{2}, \frac{z_1+5}{2}\right)$$ ……⑥に代入すると，

$$\Leftarrow \begin{cases} x_1 = t+4 & \cdots\cdots③ \\ y_1 = -2t-2 & \cdots\cdots④ \\ z_1 = 2t+5 & \cdots\cdots⑤ \end{cases}$$

$$H\left(\frac{t}{2}+4, \ \underline{-t-2}, \ \underline{t+5}\right)$$ ……⑥′ となる。

$$\Leftarrow H\left(\frac{t+8}{2}, \frac{-2t-4}{2}, \frac{2t+10}{2}\right)$$

ここで，点 H は

平面 $\alpha : x - 2y + 2z - 9 = 0$ ……①上の点より，

H の座標を①に代入して，

$$\frac{t}{2}+4-2(-t-2)+2(t+5)-9=0 \quad よって，$$

$t = -2$ ……⑦ となる。

$\Leftarrow$ 両辺に **2** をかけて
$t+8-4(-t-2)+4(t+5)-18=0$
$9t+8+8+20-18=0$
$9t=-18 \quad \therefore \ t=-2$

⑦を③，④，⑤に代入すると，求める対称点 C

の座標は $C(x_1, y_1, z_1) = (-2+4, \ 4-2, \ -4+5)$

より，$C(2, 2, 1)$ である。…………(答)

(2) $B(4, -2, 5)$，$C(2, 2, 1)$ より，

$\overrightarrow{OB} = (4, -2, 5)$，$\overrightarrow{OC} = (2, 2, 1)$ よって，

$|\overrightarrow{OB}|^2 = 4^2 + (-2)^2 + 5^2 = 16+4+25 = 45$

$|\overrightarrow{OC}|^2 = 2^2 + 2^2 + 1^2 = 4+4+1 = 9$

$\overrightarrow{OB} \cdot \overrightarrow{OC} = 4\times2 - 2\times2 + 5\times1 = 8-4+5 = 9$ より，

求める △OBC の面積を S とおくと，

$$S = \frac{1}{2}\sqrt{|\overrightarrow{OB}|^2 \cdot |\overrightarrow{OC}|^2 - (\overrightarrow{OB} \cdot \overrightarrow{OC})^2}$$

$$= \frac{1}{2}\sqrt{45\times9 - 9^2} = \frac{1}{2}\sqrt{9\cdot(45-9)}$$

$$= \frac{1}{2}\sqrt{9\times36} = \frac{1}{2}\sqrt{3^2\times6^2} = \frac{3\times6}{2} = 9 \ である。$$

……(答)

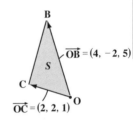

$\overrightarrow{OB} = (4, -2, 5)$

$\overrightarrow{OC} = (2, 2, 1)$

$\Leftarrow$ 一般に，△OAB の面積 S
を求める公式は，
$$S = \frac{1}{2}\sqrt{|\overrightarrow{OA}|^2 \cdot |\overrightarrow{OB}|^2 - (\overrightarrow{OA} \cdot \overrightarrow{OB})^2}$$
である。
$\left(\begin{array}{l} この公式は平面図形と空間 \\ 図形のいずれにも使える！ \end{array}\right)$

空間座標と四面体

四面体 OABC において，点 O から 3 点 A，B，C を含む平面に下ろした垂線とその平面の交点を H とする。$\overrightarrow{OA} \perp \overrightarrow{BC}$，$\overrightarrow{OB} \perp \overrightarrow{OC}$，$|\overrightarrow{OA}| = 2$，$|\overrightarrow{OB}| = |\overrightarrow{OC}| = 3$，$|\overrightarrow{AB}| = \sqrt{7}$ のとき，$|\overrightarrow{OH}|$ を求めよ。　　　（京都大）

ヒント！ $\overrightarrow{OB} \perp \overrightarrow{OC}$，$|\overrightarrow{OB}| = |\overrightarrow{OC}| = 3$ から，xyz 座標系の x 軸上に点 $B(3, 0, 0)$ をとり，y 軸上に点 $C(0, 3, 0)$ をとると，考えやすくなるはずだ。そして，3 点 A，B，C の座標が分かれば，平面 ABC の方程式を求めて，原点 O とこの平面との間の距離が $|\overrightarrow{OH}|$ となるんだね。

解答 & 解説

ココがポイント

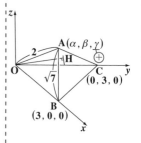

$\overrightarrow{OB} \perp \overrightarrow{OC}$，$|\overrightarrow{OB}| = |\overrightarrow{OC}| = 3$ より，右図に示すように xyz 座標系において，x 軸上に点 $B(3, 0, 0)$，y 軸上に点 $C(0, 3, 0)$ をとり，点 A を $A(\alpha, \beta, \gamma)$ $(\gamma > 0)$ とおく。よって，

$\overrightarrow{OA} = (\alpha, \beta, \gamma)$，$\overrightarrow{OB} = (3, 0, 0)$，$\overrightarrow{OC} = (0, 3, 0)$ より，

$$\begin{cases} \overrightarrow{BC} = \overrightarrow{OC} - \overrightarrow{OB} = (0, 3, 0) - (3, 0, 0) = (-3, 3, 0) \\ \overrightarrow{AB} = \overrightarrow{OB} - \overrightarrow{OA} = (3, 0, 0) - (\alpha, \beta, \gamma) = (3 - \alpha, -\beta, -\gamma) \end{cases}$$

となる。

ここで，

・$\overrightarrow{OA} \perp \overrightarrow{BC}$ より　$\overrightarrow{OA} \cdot \overrightarrow{BC} = 0$ となる。よって，

$\overrightarrow{OA} \cdot \overrightarrow{BC} = (\alpha, \beta, \gamma) \cdot (-3, 3, 0) = \boxed{-3\alpha + 3\beta = 0}$

$\therefore 3\alpha = 3\beta$ より，$\alpha = \beta$ ……………………①

・$|\overrightarrow{OA}| = 2$ より，$|\overrightarrow{OA}|^2 = 4$ となる。よって，

$|\overrightarrow{OA}|^2 = \alpha^2 + \beta^2 + \gamma^2 = 4$　$\therefore \alpha^2 + \beta^2 + \gamma^2 = 4$ ……②

・$|\overrightarrow{AB}| = \sqrt{7}$ より，$|\overrightarrow{AB}|^2 = 7$ となる。よって，

$|\overrightarrow{AB}|^2 = (3 - \alpha)^2 + (-\beta)^2 + (-\gamma)^2 = 7$

$\therefore (\alpha - 3)^2 + \beta^2 + \gamma^2 = 7$ ……………③

①，②，③ を解いて，$\alpha = \beta = 1$，$\gamma = \sqrt{2}$ である。

よって，$A(1, 1, \sqrt{2})$　となる。

$\Leftarrow$ ② $-$ ③ より，

$6\alpha - 9 = -3$

$6\alpha = 6$　$\therefore \alpha = 1$

① より，$\alpha = \beta = 1$

これを ② に代入して，

$1^2 + 1^2 + \gamma^2 = 4$

$\gamma^2 = 2$　　$\gamma > 0$ より

$\gamma = \sqrt{2}$

3点 $A(1,1,\sqrt{2})$, $B(3,0,0)$, $C(0,3,0)$ を通る平面 ABC の方程式を

$$ax + by + cz + d = 0 \quad \cdots\cdots④ \quad とおくと,$$

3点 A,B,C の座標を④に代入しても成り立つので,

$$\begin{cases} a + b + \sqrt{2}c + d = 0 \cdots\cdots⑤ \\ 3a + d = 0 \cdots\cdots\cdots\cdots\cdots⑥ \\ 3b + d = 0 \cdots\cdots\cdots\cdots\cdots⑦ \end{cases}$$

⑤,⑥,⑦より,b, c, d を a で表すと,

$$b = a, \quad c = \frac{1}{\sqrt{2}}a, \quad d = -3a \quad となる。これらを④に$$

代入して

$$ax + ay + \frac{1}{\sqrt{2}}az - 3a = 0 \quad (a \neq 0)$$

> $a = 0$ とすると,この式は $0 = 0$ の恒等式となって,平面を表さない。

両辺に $\dfrac{\sqrt{2}}{a}$ をかけると,平面 ABC の方程式は,

$$\sqrt{2}x + \sqrt{2}y + z - 3\sqrt{2} = 0 \quad \cdots\cdots④´ \quad となる。$$

よって,原点 $O(0,0,0)$ と平面 ABC との間の距離

$OH = |\overrightarrow{OH}|$ は,

$$|\overrightarrow{OH}| = \frac{|\sqrt{2}\cdot 0 + \sqrt{2}\cdot 0 + 0 - 3\sqrt{2}|}{\sqrt{(\sqrt{2})^2 + (\sqrt{2})^2 + 1^2}}$$

$$= \frac{|-3\sqrt{2}|}{\sqrt{5}} = \frac{3\sqrt{2}}{\sqrt{5}} = \frac{3\sqrt{10}}{5} \quad である。\cdots\cdots(答)$$

> 点と平面の距離の公式:$h = \dfrac{|ax_1 + by_1 + cz_1 + d|}{\sqrt{a^2 + b^2 + c^2}}$

⟸ ・⑥より,$d = -3a$
・⑥−⑦より
$3a - 3b = 0$
∴ $b = a$
・$d = -3a$, $b = a$ を⑤に代入して,
$a + a + \sqrt{2}c - 3a = 0$
$\sqrt{2}c = a$
∴ $c = \dfrac{1}{\sqrt{2}}a$

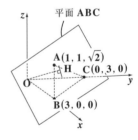

xyz 空間において，原点 O を中心とする半径 1 の球面 $S : x^2 + y^2 + z^2 = 1$，および S 上の点 A$(0,\ 0,\ 1)$ を考える。S 上の A と異なる点 P$(x_0,\ y_0,\ z_0)$ に対して，2 点 A，P を通る直線と xy 平面の交点を Q とする。

(1) $\overrightarrow{AQ} = t\overrightarrow{AP}$ (t は実数) とおくとき，$\overrightarrow{OQ}$ を t，$\overrightarrow{OP}$，$\overrightarrow{OA}$ を用いて表せ。

(2) $\overrightarrow{OQ}$ の成分表示を $x_0,\ y_0,\ z_0$ を用いて表せ。

(3) 球面 S と平面 $y = \dfrac{1}{2}$ の共通部分が表す図形を C とする。点 P が C 上を動くとき，xy 平面上における点 Q の軌跡を求めよ。（金沢大）

ヒント！ (1), (2) は，図を描いて，導入に従って解いていこう。(3) は，Q$(X, Y, 0)$ とおいて動点 Q の軌跡，つまり X と Y の関係式を求めればいいんだね。

解答＆解説

右図に示すように，球面 $S(x^2 + y^2 + z^2 = 1)$ 上の点 A$(0, 0, 1)$ と，A 以外の S 上の点 P(x_0, y_0, z_0) を通る直線と xy 平面との交点を Q とおく。

(1) 3 点 A, P, Q は同一直線上の点より

$$\underbrace{\overrightarrow{AQ}}_{\overrightarrow{OQ} - \overrightarrow{OA}} = t\underbrace{\overrightarrow{AP}}_{\overrightarrow{OP} - \overrightarrow{OA}} \qquad \overrightarrow{OQ} - \overrightarrow{OA} = t(\overrightarrow{OP} - \overrightarrow{OA})$$

← まわり道の原理

$$\therefore \overrightarrow{OQ} = (1 - t)\overrightarrow{OA} + t\overrightarrow{OP} \quad \cdots\cdots① \quad \cdots\cdots\cdots(答)$$

(2) ① に，$\overrightarrow{OA} = (0, 0, 1)$，$\overrightarrow{OP} = (x_0, y_0, z_0)$ を代入して，まとめると

$$\overrightarrow{OQ} = (1 - t)(0, 0, 1) + t(x_0, y_0, z_0)$$
$$= (tx_0,\ ty_0,\ \underbrace{1 - t + tz_0}_{0}) \quad \cdots\cdots②$$

ここで，点 Q は xy 平面上の点より，その z 座標は 0 である。よって，

$$t = \frac{1}{1 - z_0} \quad \cdots\cdots③$$

ココがポイント

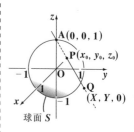

球面 S

⇦ t は実数だね。

⇦ $1 - t + tz_0 = 0$ より
$(1 - z_0)t = 1$
ここで，$z_0 \neq 1$（∵ P $\neq$ A）より，$t = \dfrac{1}{1 - z_0}$

③を②に代入して，

$$\overrightarrow{OQ} = \left(\frac{x_0}{1-z_0}, \ \frac{y_0}{1-z_0}, \ 0 \right) \quad \cdots\cdots④ \quad \cdots\cdots\cdots(答)$$

⟸ $\overrightarrow{OQ} = (tx_0, \ ty_0, \ 0) \ \cdots\cdots②$

$t = \dfrac{1}{1-z_0} \quad \cdots\cdots③$

(3) 右図に示すように，

$$\begin{cases} 球面 \ S : x^2 + y^2 + z^2 = 1 & \cdots⑤ と \\ 平面 \quad : y = \dfrac{1}{2} & \cdots\cdots\cdots\cdots⑥ で表される図形，\end{cases}$$

すなわち⑤と⑥の交わりの円 C 上を点 $P(x_0, y_0, z_0)$ が動くとき，点 $Q(X, Y, 0)$ の軌跡を求める。

[X と Y の関係式のこと]

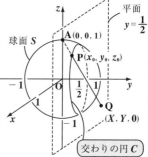

⑤，⑥より，交わりの円 C の方程式は

$$x^2 + z^2 = \frac{3}{4} \quad \cdots\cdots⑤'\text{ かつ } y = \frac{1}{2} \quad \cdots\cdots⑥\text{である。}$$

⟸ $x^2 + \left(\dfrac{1}{2} \right)^2 + z^2 = 1$ より

$x^2 + z^2 = 1 - \dfrac{1}{4} = \dfrac{3}{4}$

$P(x_0, y_0, z_0)$ は円 C 上を動くので，これらの座標を⑤'，⑥に代入して

$$x_0^2 + z_0^2 = \frac{3}{4} \quad \cdots\cdots⑦ \text{ かつ } y_0 = \frac{1}{2} \quad \cdots\cdots⑧\text{となる。}$$

ここで，動点 $Q(X, Y, 0)$ とおくと，④より

$$X = \frac{x_0}{1-z_0}$$

$$Y = \frac{y_0}{1-z_0} = \frac{1}{2(1-z_0)} \quad \left(\because y_0 = \frac{1}{2} \ \cdots⑧ \right)$$

⟸ $\cdot 1 - z_0 = \dfrac{1}{2Y}$ より

$z_0 = 1 - \dfrac{1}{2Y}$

$\cdot x_0 = (1-z_0)X$

$= \left(1 - 1 + \dfrac{1}{2Y} \right)X$

$= \dfrac{X}{2Y}$

よって，x_0, z_0 を X, Y で表すと，

$$x_0 = \frac{X}{2Y} \quad \cdots\cdots⑨, \quad z_0 = 1 - \frac{1}{2Y} = \frac{2Y-1}{2Y} \quad \cdots\cdots⑩$$

⑨，⑩を⑦に代入して，点 Q の軌跡，すなわち X と Y の関係式を求めると，

$$\left(\frac{X}{2Y} \right)^2 + \left(\frac{2Y-1}{2Y} \right)^2 = \frac{3}{4} \text{ より}$$

$$X^2 + (Y-2)^2 = 3 \text{ となる。}$$

∴点 Q の軌跡は，中心 $(0, 2, 0)$，半径 $\sqrt{3}$ の xy 平面上の円である。$\cdots\cdots\cdots\cdots\cdots\cdots\cdots\cdots\cdots\cdots$(答)

⟸両辺に $4Y^2$ をかけて

$X^2 + (2Y-1)^2 = 3Y^2$

$X^2 + 4Y^2 - 4Y + 1 = 3Y^2$

$X^2 + Y^2 - 4Y = -1$

$X^2 + (Y^2 - 4Y + \underline{4}) = -1 + \underline{4}$

$X^2 + (Y-2)^2 = 3$

§3. 空間ベクトルの外積も使いこなそう！

これまで，平面ベクトルであれ，空間ベクトルであれ，2つのベクトル$\vec{a}$と$\vec{b}$について，"内積"$\vec{a} \cdot \vec{b}$があり，これは1つの値として求められることを教えたんだね。しかし，世の中って，一般に"内(うち)"があれば"外(そと)"があるように，"内積(ないせき)"があれば，実は"外積(がいせき)"も存在する。ただし，この外積は，平面ベクトルでは定義できなくて，空間ベクトルでのみ定義でき，しかも，それは"ある値"ではなく"ベクトル"になることにも注意しよう。

したがって，2つの空間ベクトル$\vec{a}$と$\vec{b}$の外積は，$\vec{a} \times \vec{b}$と表し，これはベクトルとなるので，これを$\vec{h}$とおくと，$\vec{a}$と$\vec{b}$の外積は

$\vec{a} \times \vec{b} = \vec{h}$ ……① と表すことができるんだね。

● 外積$\vec{h}$には3つの特徴がある！

外積$\vec{h}$には，次に示す3つの特徴があるんだね。

(i) 外積$\vec{h}$は，$\vec{a}$と$\vec{b}$の両方と直交する。つまり，$\vec{a} \perp \vec{h}$，$\vec{b} \perp \vec{h}$より，$\vec{a} \cdot \vec{h} = 0$かつ$\vec{b} \cdot \vec{h} = 0$となる。

(ii) 外積$\vec{h}$の大きさ$|\vec{h}|$は，図1に示すように，$\vec{a}$と$\vec{b}$を2辺にもつ平行四辺形の面積Sと一致する。つまり，$|\vec{h}| = S$となる。

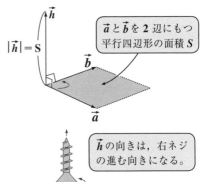

図1　ベクトルの外積
$\vec{a} \times \vec{b} = \vec{h}$

$\vec{a}$と$\vec{b}$を2辺にもつ平行四辺形の面積S

$|\vec{h}| = S$

$\vec{h}$の向きは，右ネジの進む向きになる。

(iii) さらに，$\vec{h}$の向きは図1に示すように，$\vec{a}$から$\vec{b}$に向かうように回転するとき，右ネジが進む向きと一致するんだね。

したがって，外積$\vec{b} \times \vec{a}$は，$\vec{b}$から$\vec{a}$に回転するときに右ネジの進む向きと一致するので，$\vec{a} \times \vec{b}$と逆向きになる。つまり，

$\vec{b} \times \vec{a} = -\vec{a} \times \vec{b}$ $(= -\vec{h})$ となるんだね。このように外積では，交換の法則は成り立たないことに注意しよう。

それでは，外積の具体的な求め方について解説しよう。2つの空間ベクトル $\vec{a} = (x_1, y_1, z_1)$，$\vec{b} = (x_2, y_2, z_2)$ の外積 $\vec{a} \times \vec{b}$ は，次の図2のように求めることができる。

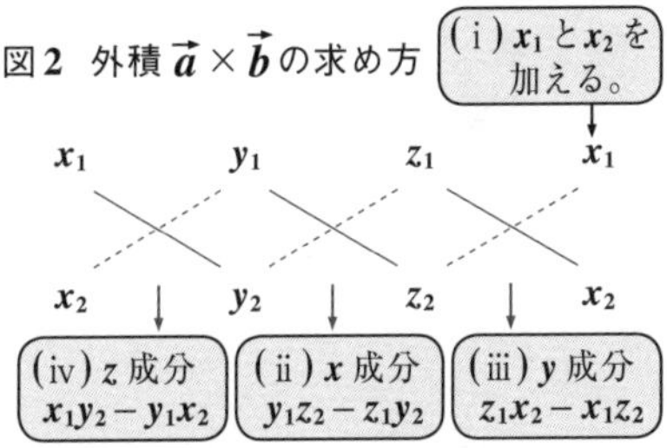

(i) まず，$\vec{a}$ と $\vec{b}$ の各成分を上下に並べて書き，最後に，x_1 と x_2 をもう1度付け加える。

図2 外積 $\vec{a} \times \vec{b}$ の求め方

(i) x_1 と x_2 を加える。

| x_1 | y_1 | z_1 | x_1 |
| x_2 | y_2 | z_2 | x_2 |

(iv) z 成分 $x_1 y_2 - y_1 x_2$ 　(ii) x 成分 $y_1 z_2 - z_1 y_2$ 　(iii) y 成分 $z_1 x_2 - x_1 z_2$

(ii) 真ん中の $\begin{array}{cc} y_1 & z_1 \\ y_2 & z_2 \end{array}$ をたすきがけに計算した $y_1 z_2 - z_1 y_2$ を外積の x 成分とする。

(iii) 右の $\begin{array}{cc} z_1 & x_1 \\ z_2 & x_2 \end{array}$ をたすきがけに計算した $z_1 x_2 - x_1 z_2$ を外積の y 成分とする。

(iv) 左の $\begin{array}{cc} x_1 & y_1 \\ x_2 & y_2 \end{array}$ をたすきがけに計算した $x_1 y_2 - y_1 x_2$ を外積の z 成分とする。

以上より，$\vec{a} = (x_1, y_1, z_1)$ と $\vec{b} = (x_2, y_2, z_2)$ の外積 $\vec{a} \times \vec{b} \ (= \vec{h})$ は，

$$\vec{h} = \vec{a} \times \vec{b} = [y_1 z_2 - z_1 y_2, \ z_1 x_2 - x_1 z_2, \ x_1 y_2 - y_1 x_2]$$ となるんだね。

では，実際に外積の計算練習をやってみよう。

(ex) $\vec{a} = (2, 2, -1)$，$\vec{b} = (1, 0, 2)$ のとき，外積 $\vec{h} = \vec{a} \times \vec{b}$ を求めてみよう。

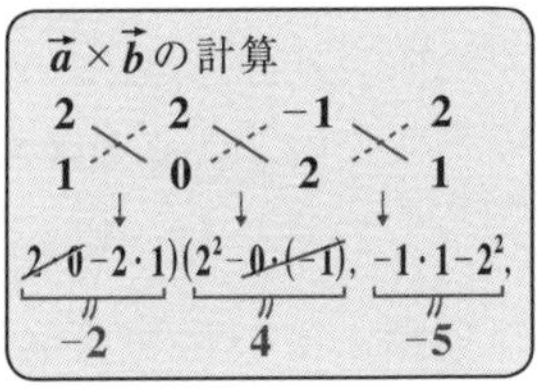

$\vec{h} = \vec{a} \times \vec{b}$ は右のように計算して，

$\vec{h} = (4, -5, -2)$ となる。簡単でしょう？

そして，$\vec{a} \cdot \vec{h} = 2 \cdot 4 + 2 \cdot (-5) + (-1) \cdot (-2)$
$\qquad\qquad = 8 - 10 + 2 = 0$

$\vec{b} \cdot \vec{h} = 1 \cdot 4 + 0 \cdot (-5) + 2 \cdot (-2)$
$\qquad\qquad = 4 - 4 = 0$ となるので，

$\vec{a} \times \vec{b}$ の計算

| 2 | 2 | -1 | 2 |
| 1 | 0 | 2 | 1 |

$2 \cdot 0 - 2 \cdot 1$ 　$(2^2 - 0 \cdot (-1))$ 　$-1 \cdot 1 - 2^2$
$\quad -2 \qquad\qquad 4 \qquad\qquad -5$

$\vec{a} \perp \vec{h}$ かつ $\vec{b} \perp \vec{h}$ であることも確認できるんだね。

ただし，外積は高校数学の範囲を少し越えるので，テストの答案には，「$\vec{h} = (x_1, y_1, z_1)$ について，$\vec{a} \perp \vec{h}$，$\vec{b} \perp \vec{h}$ をみたすので，$\vec{a} \cdot \vec{h} = 0$ かつ $\vec{b} \cdot \vec{h} = 0$ となるように計算すると，$\vec{h} = (4, -5, -2)$ となる。」とでも書いておけばいい。

これは，本当は外積で求めてるんだけどね。

59

この外積は，平面の法線ベクトルを求めるのにも役に立つので，平面の方程式も簡単に求められるようになる。次の例題で練習しておこう。

◆例題9◆

xyz 座標空間において，3点 A(1, 1, 1)，B(2, 3, 0)，C(4, 1, 2) を通る平面 π の方程式を求めよ。

解答

$\overrightarrow{AB} = \overrightarrow{OB} - \overrightarrow{OA} = (2, 3, 0) - (1, 1, 1)$
$\quad = (1, 2, -1)$
$\overrightarrow{AC} = \overrightarrow{OC} - \overrightarrow{OA} = (4, 1, 2) - (1, 1, 1)$
$\quad = (3, 0, 1)$
より，$\overrightarrow{AB}$ と $\overrightarrow{AC}$ の両方と直交するベクトル $\vec{h}$ を求めると，
$\vec{h} = \overrightarrow{AB} \times \overrightarrow{AC} = (2, -4, -6)$ となる。
よって，平面 π は点 A(1, 1, 1) を通り，
法線ベクトル $\dfrac{1}{2}\vec{h} = (1, -2, -3)$

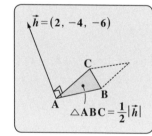

イメージ
法線ベクトル
$\dfrac{1}{2}\vec{h} = (1, -2, -3)$
平面 π
C
$\overrightarrow{AC}$
A
(1, 1, 1) $\overrightarrow{AB}$ B

外積 $\overrightarrow{AB} \times \overrightarrow{AC}$ の計算
1 2 -1 1
3 0   1 3
↓
-6)(2,   -4,

$k\vec{h}$ (k：0 以外の実数定数) としても，平面 π の法線ベクトルになる！

の平面なので，この π の方程式は，
$1 \cdot (x-1) - 2 \cdot (y-1) - 3 \cdot (z-1) = 0$ より，$x - 2y - 3z + 4 = 0$ である。…(答)

実は，この例題9は例題6 (P36) と同じ設定の問題であり，例題9の △ABC の面積も，この外積 $\vec{h}$ を利用できる。$\vec{h}$ の大きさ $|\vec{h}|$ は $\overrightarrow{AB}$ と $\overrightarrow{AC}$ を2辺とする平行四辺形の面積なので，△ABCの面積は，これの $\dfrac{1}{2}$ 倍になる。

$\vec{h} = (2, -4, -6)$
C
A
B
$\triangle ABC = \dfrac{1}{2}|\vec{h}|$

$\therefore \triangle ABC = \dfrac{1}{2}|\vec{h}| = \dfrac{1}{2}\sqrt{2^2 + (-4)^2 + (-6)^2}$
$\quad = \dfrac{1}{2}\sqrt{56} = \sqrt{14}$ と，アッという間に求められる。面白いでしょう？

さらに，外積と内積を組み合せることにより，空間ベクトルにおいて，同一平面上にない3つのベクトル$\vec{a}$, $\vec{b}$, $\vec{c}$を3辺にもつ三角すいの体積まで計算できるんだね。

　そのために必要な "**スカラー3重積**" について，これから解説しよう。

● スカラー3重積も押さえておこう！

　ベクトルの内積と外積の応用として，"**スカラー3重積**" についても解説しよう。　　"スカラー" とは "ベクトル" に対することばで，"ある実数" という意味なんだ。
3つの3次元ベクトル$\vec{a}$, $\vec{b}$, $\vec{c}$のスカラー3重積は，$\vec{a} \cdot (\vec{b} \times \vec{c})$で定義され，これを$(\vec{a}, \vec{b}, \vec{c})$と表すことにしよう。つまり

スカラー3重積$(\vec{a}, \vec{b}, \vec{c}) = \vec{a} \cdot (\vec{b} \times \vec{c})$ ……① だね。

$\vec{b}$と$\vec{c}$の外積$\vec{b} \times \vec{c}$を$\vec{h}$とおくと，①は$\vec{a} \cdot \vec{h}$，つまり$\vec{a}$と$\vec{h}$の内積なので，この結果はある実数(スカラー)になることが分かるね。

　では，このスカラー3重積$\vec{a} \cdot (\vec{b} \times \vec{c})$の図形的な意味を解説しておこう。

図3　スカラー3重積$\vec{a} \cdot (\vec{b} \times \vec{c})$

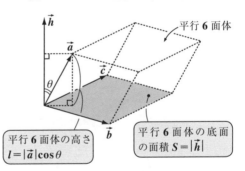

　図3に示すように，外積$\vec{h} = \vec{b} \times \vec{c}$は，$\vec{b}$と$\vec{c}$のいずれとも垂直なベクトル，つまり，$\vec{b}$と$\vec{c}$の張る平面と$\vec{h}$は垂直なベクトルであることが，まず分かるね。
また，$\vec{h}$のノルム$|\vec{h}|$は，$\vec{b}$と$\vec{c}$を2辺とする平行四辺形の面積Sと等しいことも大丈夫だね。

　さらに，このスカラー3重積$\vec{a} \cdot (\vec{b} \times \vec{c})$は，$\vec{a}$と$\vec{h}(= \vec{b} \times \vec{c})$のなす角を$\theta$とおくと，

$\vec{a} \cdot (\vec{b} \times \vec{c}) = \vec{a} \cdot \vec{h} = |\vec{a}| \cdot |\vec{h}| \cos\theta = |\vec{h}| \cdot |\vec{a}| \cos\theta$ ……② となる。

底面の平行四辺形の面積S　　平行六面体の高さl

　ここで，図3のように，3次元空間において，$\vec{a}$, $\vec{b}$, $\vec{c}$がいずれも$\vec{0}$でなく，かつ同一平面上には存在しないとすると，空間上に，3つのベクトル

$\vec{a}$, $\vec{b}$, $\vec{c}$ を辺にもつ平行6面体が考えられる。そして，$\vec{b}$ と $\vec{c}$ を辺にもつ

<u>6つの平行四辺形を面にもつ立体</u>

平行四辺形を，この平行6面体の底面と考えると，この底面の面積 S は S $=|\vec{h}|$ となる。

　また，図3に示すように，$\vec{a}$ と $\vec{h}$ のなす角 θ が，$0 \leqq \theta < \dfrac{\pi}{2}$ をみたすとき，$|\vec{a}|\cos\theta$ は，$\vec{a}$ の終点から底面に下した垂線の長さ，つまり平行6面体の高さ l を表すことになるんだね。よって，②は，

$\vec{a} \cdot (\vec{b} \times \vec{c}) = S \cdot l$ $(= (底面積) \cdot (高さ))$　となるので，

スカラー3重積 $\vec{a} \cdot (\vec{b} \times \vec{c})$ は，この平行6面体の体積 V を表すことになるんだね。もちろん，θ は，$\dfrac{\pi}{2} < \theta \leqq \pi$ の場合もあり得る。この場合は，$\cos\theta < 0$ となって，高さ $l = |\vec{a}|\cos\theta$ が負の値をとるので，これまで考慮に入れると，この平行6面体の体積 V は，このスカラー3重積に絶対値を付けて，

$V = \left| \vec{a} \cdot (\vec{b} \times \vec{c}) \right|$ と表せばよいことが分かるはずだ。

　では次に，$\vec{0}$ でなく，かつ同一平面上に存在しない3つのベクトル $\vec{a}$, $\vec{b}$, $\vec{c}$ を3辺にもつ，図4に示すような三角すいの体積について考えよう。

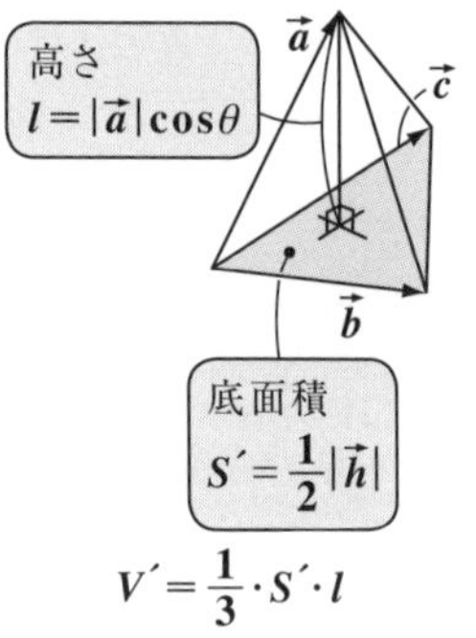

　この底面積 S' は，$S' = \dfrac{1}{2}|\vec{h}| = \dfrac{1}{2}|\vec{b} \times \vec{c}|$ であり，高さは同じ $l = |\vec{a}| \cdot \underset{\uparrow}{\cos\theta}$ より，この

<u>本当は，これに絶対値を付ける</u>

三角すいの体積を V' とおくと，

$V' = \dfrac{1}{3} \cdot S' \cdot l = \dfrac{1}{3} \cdot \dfrac{1}{2} \underset{\underset{\vec{b} \times \vec{c}}{\uparrow}}{|\vec{h}|} \cdot |\vec{a}|\cos\theta$

$= \dfrac{1}{6}|\vec{a}| \cdot |\vec{b} \times \vec{c}|\cos\theta = \dfrac{1}{6} \vec{a} \cdot (\vec{b} \times \vec{c})$

となり，$\cos\theta < 0$ のとき，これを正するために最終的には，このスカラー3重積に絶対値を付けて，

図4　$\vec{a}$, $\vec{b}$, $\vec{c}$ を3辺にもつ
　　　三角すいの体積 V'

高さ
$l = |\vec{a}|\cos\theta$

底面積
$S' = \dfrac{1}{2}|\vec{h}|$

$V' = \dfrac{1}{3} \cdot S' \cdot l$

$V' = \dfrac{1}{6}\left|\vec{a}\cdot(\vec{b}\times\vec{c})\right| = \dfrac{1}{6}V$ となるんだね。

つまり，この三角すいの体積 V' は，平行六面体の体積 V に $\dfrac{1}{6}$ をかけたものになることが分かったんだね。納得いった？

では，次の例題で実際に計算してみよう。

◆ 例題 10 ◆

xyz 座標空間上に 4 点 O$(0,\ 0,\ 0)$, A$(1,\ -2,\ 1)$, B$(2,\ 0,\ -1)$, C$(-1,\ 1,\ 1)$ がある。四面体 OABC の体積 V を求めよ。

$\vec{a} = \overrightarrow{\text{OA}} = (1,\ -2,\ 1)$, $\vec{b} = \overrightarrow{\text{OB}} = (2,\ 0,\ -1)$, $\vec{c} = \overrightarrow{\text{OC}} = (-1,\ 1,\ 1)$ とおいて，$\vec{a}$ と $\vec{b}$ と $\vec{c}$ を 3 辺とする四面体 (三角すい) OABC の体積 V は，公式：

$V = \dfrac{1}{6}\left|\vec{a}\cdot(\vec{b}\times\vec{c})\right|$ ……(*) で求められる。

まず，外積 $\vec{b}\times\vec{c}$ を右のように計算して，
$\vec{b}\times\vec{c} = (1,\ -1,\ 2)$ である。

よって，

$\vec{a}\cdot(\vec{b}\times\vec{c}) = (1,\ -2,\ 1)\cdot(1,\ -1,\ 2)$

$\qquad = 1^2 + (-2)\cdot(-1) + 1\cdot2 = 1+2+2 = 5$

> $\vec{b}\times\vec{c}$ の外積の計算
>
> $\begin{array}{ccccc} 2 & & 0 & & -1 & & 2 \\ -1 & & 1 & & 1 & & -1 \\ \downarrow & & \downarrow & & \downarrow & \\ 2 &)(& 1, & & -1, \end{array}$

> ⊕ の数なので，これはそのまま平行六面体の体積を表す。もし，これが の ⊖ のときは絶対値を付けて ⊕ にすればいいだけだね。

以上より，求める三角すい OABC の体積 V は，

(*) の公式より，

$V = \dfrac{1}{6}|5| = \dfrac{5}{6}$ である。 ……………………(答)

どう？とても簡単に三角すい (四面体) の体積が求められて，これも，とても面白かったでしょう？

点と平面との間の距離

4点 $O(0, 0, 0)$, $A(1, 0, 0)$, $B(1, 2, 0)$, $C(2, 1, 3)$ がある。3点 A, B, C を通る平面 ABC の方程式を求めよ。また, 原点 O から平面 ABC に引いた垂線 OH の長さを求めよ。　　　　　　　　　　　　　　（慶応大）

ヒント！ 平面 ABC を $ax + by + cz + d = 0$ とおいて, A, B, C の座標を代入して, 平面の方程式を決定しよう。後は, 原点 O と平面 ABC との間の距離の公式を使えばいいんだね。

解答 & 解説

平面 $ABC : ax + by + cz + d = 0$ …① とおく。

①にA, B, Cの座標をそれぞれ代入すると,

$$\begin{cases} a + d = 0 & \cdots ② \\ a + 2b + d = 0 & \cdots ③ \\ 2a + b + 3c + d = 0 & \cdots ④ \end{cases} \quad \text{となる。}$$

これを解いて,

$$a = -3c \cdots ⑤ \quad b = 0 \cdots ⑥ \quad d = 3c \cdots ⑦$$

> 未知数は a, b, c, d の4つで, 方程式は②, ③, ④ の3つだけなので, 値は決まらないが, a も d も c の式で表すことができた！これで十分！

⑤, ⑥, ⑦を①に代入して,

$$-3cx + cz + 3c = 0$$

ここで, $c \neq 0$ より, 両辺を $-c$ で割ると,

平面$ABC : 3x - z - 3 = 0$ ……⑧　………………(答)

原点$O(0, 0, 0)$ と平面ABCとの間の距離OHは,

$$OH = \frac{|3 \cdot 0 - 0 - 3|}{\sqrt{3^2 + 0^2 + (-1)^2}} = \frac{3}{\sqrt{10}} \quad \text{……………(答)}$$

ココがポイント

⇦ ③－②より, $2b = 0 \therefore b = 0$
②より, $d = -a \cdots ②'$
$b = 0$ と②'を④に代入して,
$2a + 3c - a = 0$
$\therefore a = -3c$
②'より, $d = 3c$

⇦ $c = 0$ とすると, $0 = 0$ の恒等式になって, 平面の方程式にならない。

⇦ 点と平面の間の距離
$$h = \frac{|ax_1 + by_1 + cz_1 + d|}{\sqrt{a^2 + b^2 + c^2}}$$

参考

演習問題 **17** で，外積を使った平面 **ABC** の方程式の求め方は次の通りだ。

$$\begin{cases} \vec{b} = \overrightarrow{AB} = \overrightarrow{OB} - \overrightarrow{OA} = (1,\ 2,\ 0) - (1,\ 0,\ 0) = (0,\ 2,\ 0) \\ \vec{c} = \overrightarrow{AC} = \overrightarrow{OC} - \overrightarrow{OA} = (2,\ 1,\ 3) - (1,\ 0,\ 0) = (1,\ 1,\ 3) \end{cases}$$ とおいて，

外積 $\vec{b} \times \vec{c}$ を右のように求めると，

$\vec{b} \times \vec{c} = (6,\ 0,\ -2)$ より，

平面 **ABC** の法線ベクトル $\vec{h}$ を，

外積 $\vec{b} \times \vec{c}$ の計算
```
0   2   0   0
1   1   3   1
↓   ↓   ↓
-2 )( 6,   0,
```

$\vec{h} = \dfrac{1}{2} \cdot \vec{b} \times \vec{c} = (3,\ 0,\ -1)$ とする。

よって，平面 **ABC** は，点 **A**$(1,\ 0,\ 0)$ を通り，法線ベクトル $\vec{h} = (3,\ 0,\ -1)$ の平面より，その方程式は，

$$3(x-1) + 0(y-0) - 1 \cdot (z-0) = 0$$ より，$3x - z - 3 = 0$ となる。

外積を伏せて，答案には次のように書けばよい。

$\vec{b} = \overrightarrow{AB} = (0,\ 2,\ 0)$，$\vec{c} = \overrightarrow{AC} = (1,\ 1,\ 3)$ とおき，平面 **ABC** の法線ベクトルを $\vec{h} = (x_1,\ y_1,\ z_1)$ とおくと，$\vec{b} \perp \vec{h}$ かつ $\vec{c} \perp \vec{h}$ より，

$\vec{b} \cdot \vec{h} = 0$ かつ $\vec{c} \cdot \vec{h} = 0$ となる。よって，これから，

$\vec{h} = (3,\ 0,\ -1)$ が求められる。←本当は外積から求めてるが，答案には書かない

ゆえに，平面 **ABC** は点 **A**$(1,\ 0,\ 0)$ を通り……，(以下同様) だね。

これで，外積の利用法と，答案の書き方も分かったでしょう？

講義 1 平面ベクトル

講義 2 空間ベクトル

講義 3 複素数平面

四面体ABCDの体積

演習問題 18	難易度 ★★	CHECK 1	CHECK 2	CHECK 3

xyz 座標空間上に **4** 点 A$(1, -1, 2)$, B$(3, -2, 2)$, C$(2, 0, 1)$, D$(2, -1, 5)$ がある。次の問いに答えよ。

(1) **3** 点 A, B, C を通る平面 π の方程式を求めよ。また, 三角形 ABC の面積 S を求めよ。

(2) 点 D と平面 π との間の距離 l を求め, 四面体 ABCD の体積 V を求めよ。

ヒント! (1) $\vec{b}=\overrightarrow{AB}=(2, -1, 0)$, $\vec{c}=\overrightarrow{AC}=(1, 1, -1)$ とおくと, 外積 $\vec{b}\times\vec{c}$ $=\vec{h}=(1, 2, 3)$ となるので, 平面 π は, 点 A を通り, 法線ベクトル $\vec{h}$ の平面より, この方程式はスグに求められる。また, $\triangle ABC=S=\dfrac{1}{2}|\vec{h}|$ で求まり, (2) 四面体 ABCD の体積 V は, $V=\dfrac{1}{6}|\vec{a}\cdot(\vec{b}\times\vec{c})|$ (ただし, $\vec{d}=\overrightarrow{AD}$) として, これもスグに計算できる。ただし, 答案は高校数学の手法で記していこう。

解答&解説

(1) A$(1, -1, 2)$, B$(3, -2, 2)$, C$(2, 0, 1)$, D$(2, -1, 5)$ より,

$$\begin{cases} \vec{b}=\overrightarrow{AB}=\overrightarrow{OB}-\overrightarrow{OA}=(2, -1, 0) \\ \vec{c}=\overrightarrow{AC}=\overrightarrow{OC}-\overrightarrow{OA}=(1, 1, -1) \\ \vec{d}=\overrightarrow{AD}=\overrightarrow{OD}-\overrightarrow{OA}=(1, 0, 3) \end{cases} \text{となる。}$$

3 点 A, B, C を通る平面 π の法線ベクトル $\vec{h}=$ (x_1, y_1, z_1) は, $\vec{h}\perp\vec{b}$ かつ $\vec{h}\perp\vec{c}$ より, $\vec{h}\cdot\vec{b}=0$ かつ $\vec{h}\cdot\vec{c}=0$ となる。これから, $\vec{h}=(1, 2, 3)$ と求められる。よって,

平面 π は, 点 A$(1, -1, 2)$ を通り, 法線ベクトル $\vec{h}=(1, 2, 3)$ の平面より,

$\pi: 1\cdot(x-1)+2\cdot(y+1)+3\cdot(z-2)=0$

$\therefore x+2y+3z-5=0$ ……① である。…………(答)

次に, $\triangle ABC$ の面積 S は, 公式より,

$$S=\frac{1}{2}\sqrt{|\vec{b}|^2\cdot|\vec{c}|^2-(\vec{b}\times\vec{c})^2}=\frac{1}{2}\sqrt{5\times3-1^2}=\frac{\sqrt{14}}{2}$$

$\underbrace{2^2+(-1)^2}$ $\underbrace{1^2+1^2+(-1)^2}$ ……② である。……(答)

$\underbrace{2\cdot1-1\cdot1+0\cdot(-1)}$

ココがポイント

⇦ 平面 π の法線ベクトル $\vec{h}=$ $\vec{b}\times\vec{c}$ を次のように計算して,

$\vec{h}=(1, 2, 3)$

平面 π は, A$(1, -1, 2)$ を通り, 法線ベクトル $\vec{h}=$ $(1, 2, 3)$ の平面より,

$\pi: 1\cdot(x-1)+2\cdot(y+1)+3\cdot(z-2)$ $=0$

となる。

また, $\triangle ABC$ の面積 S は,

$S=\dfrac{1}{2}|\vec{h}|$

$=\dfrac{1}{2}\sqrt{1^2+2^2+3^2}=\dfrac{\sqrt{14}}{2}$

(2) 平面 $\pi : 1 \cdot x + 2 \cdot y + 3 \cdot z - 5 = 0$ ……① と

点 $D(2,\ -1,\ 5)$ との間の距離を l とおくと，

公式より，

$$l = \frac{1 \cdot 2 + 2 \cdot (-1) + 3 \cdot 5 - 5}{\sqrt{1^2 + 2^2 + 3^2}} = \frac{10}{\sqrt{14}} \ \cdots \cdots ③ \ \cdots (答)$$

公式：点 $P(x_1,\ y_1,\ z_1)$ と平面 $ax + by + cx + d = 0$
との間の距離 l は，
$$l = \frac{ax_1 + by_1 + cz_1 + d}{\sqrt{a^2 + b^2 + c^2}} \ \text{である。}$$

以上より，四面体 ABCD の底面積 $S = \dfrac{\sqrt{14}}{2}$ …② であり，

△ABC の面積

高さ $l = \dfrac{10}{\sqrt{14}}$ ……③ より，この体積 V は，

平面 π と点 D との間の距離

$$V = \frac{1}{3} \cdot S \cdot l = \frac{1}{3} \cdot \frac{\sqrt{14}}{2} \cdot \frac{10^{5}}{\sqrt{14}} = \frac{5}{3} \ \text{である。}$$

……(答)

この結果は，スカラー3重積を用いた計算結果
$V = \dfrac{1}{6}|\vec{d} \cdot (\vec{b} \times \vec{c})| = \dfrac{5}{3}$ と一致する。

◁ 四面体 ABCD の体積 V は，
$\vec{d} \cdot (\vec{b} \times \vec{c}) = \vec{d} \cdot \vec{h}$
$= (1,\ 0,\ 3) \cdot (1,\ 2,\ 3)$
$= 1 + 0 + 9 = 10$ より，
$V = \dfrac{1}{6}|\vec{d} \cdot (\vec{b} \times \vec{c})|$
$= \dfrac{1}{6}|10| = \dfrac{10}{6} = \dfrac{5}{3}$
とすぐに分かる。

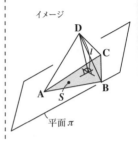

イメージ

平面 π

講義 2 ● 空間ベクトル　公式エッセンス

1. 空間ベクトルの内積

$\vec{a}=(x_1,\ y_1,\ z_1),\ \vec{b}=(x_2,\ y_2,\ z_2)$ のとき，

(ⅰ) $\vec{a}\cdot\vec{b}=|\vec{a}||\vec{b}|\cos\theta=x_1x_2+y_1y_2+z_1z_2$　($\theta:\vec{a}$ と $\vec{b}$ のなす角)

(ⅱ) $\cos\theta=\dfrac{\vec{a}\cdot\vec{b}}{|\vec{a}||\vec{b}|}=\dfrac{x_1x_2+y_1y_2+z_1z_2}{\sqrt{x_1{}^2+y_1{}^2+z_1{}^2}\sqrt{x_2{}^2+y_2{}^2+z_2{}^2}}$

2. 内分点，外分点の公式

2 点 $A(x_1,\ y_1,\ z_1),\ B(x_2,\ y_2,\ z_2)$ に対して，

(ⅰ) 点 P が線分 AB を $m:n$ に内分するとき，

$$\overrightarrow{OP}=\left(\frac{nx_1+mx_2}{m+n},\ \frac{ny_1+my_2}{m+n},\ \frac{nz_1+mz_2}{m+n}\right)$$

(ⅱ) 点 Q が線分 AB を $m:n$ に外分するとき，

$$\overrightarrow{OQ}=\left(\frac{-nx_1+mx_2}{m-n},\ \frac{-ny_1+my_2}{m-n},\ \frac{-nz_1+mz_2}{m-n}\right)$$

3. 直線の方程式

(ⅰ) $\overrightarrow{OP}=\overrightarrow{OA}+t\vec{d}$　　　(ⅱ) $\dfrac{x-a}{l}=\dfrac{y-b}{m}=\dfrac{z-c}{n}$　$(=t)$

(ただし，通る点 $A(a,b,c)$, 方向ベクトル $\vec{d}=(l,m,n), lmn\neq0$)

4. 球面の方程式

(ⅰ) $|\overrightarrow{OP}-\overrightarrow{OA}|=r$　　　(ⅱ) $(x-a)^2+(y-b)^2+(z-c)^2=r^2$

(ただし，中心 $A(a,b,c)$, 半径 r)

5. 平面の方程式

(ⅰ) $\overrightarrow{OP}=\overrightarrow{OA}+s\vec{d_1}+t\vec{d_2}$　　(通る点 A，方向ベクトル $\vec{d_1},\ \vec{d_2}$)

(ⅱ) $a(x-x_1)+b(y-y_1)+c(z-z_1)=0$

(ただし，通る点 $A(x_1,y_1,z_1)$, 法線ベクトル $\vec{h}=(a,b,c)$)

6. 点と平面の間の距離

点 $A(x_1,y_1,z_1)$ と平面 $\alpha:ax+by+cz+d=0$ との間の距離 h

$$h=\frac{|ax_1+by_1+cz_1+d|}{\sqrt{a^2+b^2+c^2}}$$

7.

$\vec{a}=(x_1,\ y_1,\ z_1)$ と $\vec{b}=(x_2,\ y_2,\ z_2)$ との外積 $\vec{h}=\vec{a}\times\vec{b}$ は，

$\vec{h}=\vec{a}\times\vec{b}=(y_1z_2-z_1y_2,\ z_1x_2-x_1z_2,\ x_1y_2-y_1x_2)$

講義
Lecture
3 複素数平面
（数学 C）

 テーマ

▶ 複素数平面の基本
（絶対値・共役複素数など）

▶ 極形式とド・モアブルの定理

▶ 複素数平面の図形への応用
（回転と相似の合成変換など）

講義❸ 複素数平面

これから“**複素数平面**”の講義に入ろう。複素数 $a+bi$ (a, b：実数) については既に数学 II で教えたね。ここで，複素数の実部 a と虚部 b をそれぞれ x 座標，y 座標のように考えると，複素数 $a+bi$ が，点 $\mathrm{A}(a, b)$ やベクトル $\overrightarrow{\mathrm{OA}} = (a, b)$ と同じ構造をもっていることがわかる。これから解説する“**複素数平面**”では，複素数を使ったさまざまな図形問題を中心に教えていこう。また，わかりやすく教えるから，期待してくれ。

それでは，“**複素数平面**”の主要なテーマを下に列挙しておくね。

- **複素数平面の基本** （極形式，ド・モアブルの定理など）
- **複素数平面と図形** （円・直線，回転と相似の合成変換など）

§1. 複素数は，複素数平面上の点を表す！

● 複素数って，平面上の点？

複素数 $\alpha = a + bi$ (a, b：実数, $i = \sqrt{-1}$) の a を**実部**，b を**虚部**というんだったね。この α を，xy 座標平面上の点 $\mathrm{A}(a, b)$ に対応させて考えると，複素数はすべてこの平面上の点として表せる。

このように，複素数 $\alpha = a + bi$ を座標平面上の点 $\mathrm{A}(a, b)$ で表すとき，この平面のことを**複素数平面**，また x 軸，y 軸のことをそれぞれ**実軸**，**虚軸**と呼ぶ。そして，複素数 α を表す点 A を，$\mathrm{A}(\alpha)$ や $\mathrm{A}(a+bi)$ と表したりするけれど，複素数 α そのものを“**点 α**”と呼んでもいいんだね。また，点 α の y 座標は，b (または bi) で表す。そして，原点 0 と点 α との距離を複素数 α の**絶対値**といい，$|\alpha| = \sqrt{a^2 + b^2}$ で表す。

図 1 複素数平面上の点 α

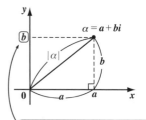

これを，bi と表してもいいが，一般には b と表す。

これは三平方の定理だね。

70

● 重要公式 $|\alpha|^2 = \alpha \cdot \overline{\alpha}$ を覚えよう！

複素数 $\alpha = a + bi$ の**共役複素数** $\overline{\alpha} = a - bi$ は，α と実軸に関して対称な点になるね。また，$-\alpha$ は，点 α を原点に関して対称移動した点となるので，当然点 $-\overline{\alpha}$ は $\overline{\alpha}$ を原点に関して対称移動したものだ。

さらに，$\alpha \cdot \overline{\alpha} = (a + bi)(a - bi) = a^2 - b^2 \underbrace{(i^2)}_{-1} = \underline{a^2 + b^2}$ より，重要公式 $|\alpha|^2 = \alpha \cdot \overline{\alpha}$ も導かれるんだね。 $\underbrace{(\sqrt{a^2 + b^2})^2 = |\alpha|^2}$

α と $\overline{\alpha}$，絶対値

$\boxed{\alpha,\ \overline{\alpha},\ -\alpha,\ -\overline{\alpha}\ \text{は原点からの距離がすべて等しい！}}$

(1) $|\alpha| = |\overline{\alpha}| = |-\alpha| = |-\overline{\alpha}|$

(2) $|\alpha|^2 = \alpha\overline{\alpha}$

$\boxed{\text{複素数の絶対値の 2 乗は，この公式で展開する！}}$

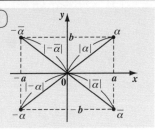

次の例題を解いてごらん。公式 $|\alpha|^2 = \alpha \cdot \overline{\alpha}$ を使うよ。

◆例題 11 ◆

2 次方程式 $x^2 + ax + 4a = 0$（a：実数定数）が，絶対値が 4 に等しい虚数解をもつように a の値を定めよ。 （東北学院大）

解答

実数係数の 2 次方程式 $\overset{a}{\underset{\boxed{1}}{}} x^2 + \overset{b}{\underset{\boxed{a}}{}} x + \overset{c}{\underset{\boxed{4a}}{}} = 0$

が虚数解 α を解にもつとき，その共役複素数 $\overline{\alpha}$ も解である。

$\boxed{\alpha \cdot \beta = \dfrac{c}{a}\ (\text{解と係数の関係})}$

よって，解と係数の関係より

$\boxed{\begin{array}{l}\text{"一般に実数係数の } n \text{ 次方程式が，}\\ \text{虚数解 } \alpha \text{ をもつとき，その共役複}\\ \text{素数 } \overline{\alpha} \text{ も解である。"（これは重要}\\ \text{定理だ。覚えておいてくれ！}）\end{array}}$

$\boxed{\text{このとき，} \dfrac{D}{4} = 4 - 16 < 0 \text{ だね。}}$

$\underline{\alpha \cdot \overline{\alpha} = 4a}$ ，$|\alpha|^2 = 4a$ ……………………① $\longleftarrow \boxed{|\alpha|^2 = \alpha\overline{\alpha} \text{ を使った！}}$

ここで，$|\alpha| = 4$ より，$|\alpha|^2 = 4^2 = 16$ ………②

①，②より，$4a = 16$ ∴ $a = 4$ ………………………………(答)

● 共役複素数と絶対値の性質を押さえよう！

2つの複素数 α, β について，共役複素数と絶対値の性質をまとめて書いておくよ。これらは，式の変形にかかせない大事な公式なんだね。

共役複素数と絶対値の性質

（Ⅰ）共役複素数の性質

(1) $\overline{\alpha + \beta} = \overline{\alpha} + \overline{\beta}$　　　　**(2)** $\overline{\alpha - \beta} = \overline{\alpha} - \overline{\beta}$

(3) $\overline{\alpha \cdot \beta} = \overline{\alpha} \cdot \overline{\beta}$　　　　**(4)** $\overline{\left(\dfrac{\alpha}{\beta}\right)} = \dfrac{\overline{\alpha}}{\overline{\beta}}$　$(\beta \neq 0)$

（Ⅱ）絶対値の性質

(1) $|\alpha \cdot \beta| = |\alpha| \cdot |\beta|$　　　　**(2)** $\left|\dfrac{\alpha}{\beta}\right| = \dfrac{|\alpha|}{|\beta|}$

> 絶対値の和・差については
> $|\alpha + \beta| \leqq |\alpha| + |\beta|$
> $|\alpha - \beta| \geqq |\alpha| - |\beta|$
> となる。

たとえば，これらの性質を使うと，次のような変形ができるんだね。

$|\alpha|^2 = \alpha \cdot \overline{\alpha}$ だね！　　　　　　　　　　$0 + 1 \cdot i = 0 - i = -i$

(1) $|z - i|^2 = (z - i)\overline{(z - i)} = (z - i)(\overline{z} - \overline{i})$

$= (z - i)(\overline{z} + i) = z\overline{z} + iz - i\overline{z} \underbrace{-i^2}_{-(-1)} = z\overline{z} + iz - i\overline{z} + 1$

(2) $\left|\dfrac{3 - 4i}{1 + \sqrt{3}\,i}\right| = \dfrac{|3 - 4i|}{|1 + \sqrt{3}\,i|} = \dfrac{\sqrt{3^2 + (-4)^2}}{\sqrt{1^2 + (\sqrt{3})^2}} \doteqdot \dfrac{5}{2}$　　要領覚えた？

$|\alpha| = \sqrt{(\text{実部})^2 + (\text{虚部})^2}$

さらに，α の実数条件と，純虚数条件も入れておくよ。

（ⅰ）複素数 α が実数のとき	（ⅱ）複素数 α が純虚数のとき
$\alpha = \overline{\alpha}$	$\alpha + \overline{\alpha} = 0$　$(\alpha \neq 0)$
$\left(\begin{array}{l} \because \alpha = a + 0i \text{ とおける} \\ \overline{\alpha} = a - 0i \text{ より} \\ \alpha = \overline{\alpha} \end{array}\right)$	$\left(\begin{array}{l} \because \alpha = 0 + bi \text{ とおける}\quad(b \neq 0) \\ \overline{\alpha} = 0 - bi \text{ より} \\ \alpha + \overline{\alpha} = 0 \text{ だね。} \end{array}\right)$

◆例題 12 ◆

$z + \dfrac{1}{z}$ が実数となるような，複素数 z の条件を求めよ。

解答

$z + \dfrac{1}{z}$ が実数となるための条件は，$z + \dfrac{1}{z} = \overline{\left(z + \dfrac{1}{z} \right)}$ ← 実数条件：$\alpha = \overline{\alpha}$

$\overline{z} + \overline{\left(\dfrac{1}{z} \right)} = \overline{z} + \dfrac{\overline{1}}{\overline{z}}$ ← $\overline{1+0i} = 1 - 0i = 1$

よって，$z + \dfrac{1}{z} = \overline{z} + \dfrac{1}{\overline{z}} \quad (z \neq 0)$

この両辺に $z\overline{z}$ をかけて，

$z^2 \overline{z} + \overline{z} = z\overline{z}^2 + z \qquad (z^2 \overline{z} - z\overline{z}^2) - (z - \overline{z}) = 0$

共通因数 $z - \overline{z}$ をくくり出す。

$z\overline{z}(z - \overline{z}) - (z - \overline{z}) = 0 \qquad (\overbrace{z\overline{z}}^{|z|^2} - 1)(z - \overline{z}) = 0$

$(|z|^2 - 1)(z - \overline{z}) = 0 \qquad \therefore |z|^2 = 1$ または $z = \overline{z}$

$|z| = 1$ となる $\qquad$ z の実数条件

以上より，求める z の条件は，

$|z| = 1$，または 0 以外の実数。 ……………………………(答)

● **極形式で，複素数の幅がグッと広がる！**

どのような複素数 z も $z = r(\cos\theta + i\sin\theta)$ の形で表せるんだよ。これを**複素数の極形式**という。

複素数の極形式

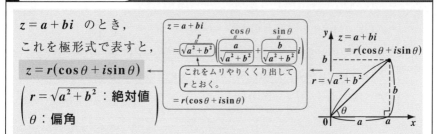

$z = a + bi$ のとき，
これを極形式で表すと，

$z = r(\cos\theta + i\sin\theta)$

$\begin{cases} r = \sqrt{a^2 + b^2} : \text{絶対値} \\ \theta : \text{偏角} \end{cases}$

$z = a + bi$

$= \underset{r}{\sqrt{a^2 + b^2}} \left(\underset{\cos\theta}{\dfrac{a}{\sqrt{a^2 + b^2}}} + \underset{\sin\theta}{\dfrac{b}{\sqrt{a^2 + b^2}}} i \right)$

これをムリやりくくり出して r とおく。

$= r(\cos\theta + i\sin\theta)$

極形式をいくつか実際に作ってみると，

角度の単位
$180° = \pi$

(1) $1+\sqrt{3}\,i = \boxed{2}\left(\boxed{\dfrac{1}{2}} + \boxed{\dfrac{\sqrt{3}}{2}}\,i\right) = 2\left(\cos\dfrac{\pi}{3} + i\sin\dfrac{\pi}{3}\right)$

（上に $\sqrt{1^2+(\sqrt{3})^2}$，$\cos\dfrac{\pi}{3}$，$\sin\dfrac{\pi}{3}$）

(2) $3i = 0+3i = \boxed{3}\left(\boxed{0} + \boxed{1}\cdot i\right) = 3\left(\cos\dfrac{\pi}{2} + i\sin\dfrac{\pi}{2}\right)$

（上に $\sqrt{0^2+3^2}$，$\cos\dfrac{\pi}{2}$，$\sin\dfrac{\pi}{2}$）

原点からの距離

実軸の正の向きと動径 $0z$ のなす角

y 軸，$z = 1+\sqrt{3}i$，$\sqrt{3}$，2，$\dfrac{\pi}{3}$，0，1，x 軸

ここで，絶対値 r は一意に定まるけれど，偏角 θ は，$0 \leqq \theta < 2\pi$ や，$-\pi \leqq \theta < \pi$ などのように範囲を指定して示す場合の他に，一般角で表示する場合もある。たとえば，(1) の偏角 θ を，$\theta = \dfrac{\pi}{3} + 2n\pi$（$n$：整数）としてもいいんだよ。さらに，$r$ と θ を

これは，アーギュメント z と読む。

絶対値 $r = |z|$，偏角 $\theta = \arg z$ と表したりするよ。

次に，極形式で表された 2 つの複素数 z_1，z_2 の積と商の公式を示そう。

極形式表示の複素数の積と商

$\begin{cases} z_1 = r_1(\cos\theta_1 + i\sin\theta_1) \\ z_2 = r_2(\cos\theta_2 + i\sin\theta_2) \text{ のとき，} \end{cases}$

(1) $z_1 \cdot z_2 = r_1 r_2\{\cos(\theta_1+\theta_2) + i\sin(\theta_1+\theta_2)\}$

複素数同士の"かけ算"では，偏角は"たし算"になる。

(2) $\dfrac{z_1}{z_2} = \dfrac{r_1}{r_2}\{\cos(\theta_1-\theta_2) + i\sin(\theta_1-\theta_2)\}$

複素数同士の"わり算"では，偏角は"引き算"になる。

実際に (1) を計算してみると

三角関数の加法定理だ！

$\begin{aligned} z_1 \cdot z_2 &= r_1(\cos\theta_1 + i\sin\theta_1) \cdot r_2(\cos\theta_2 + i\sin\theta_2) \\ &= r_1 r_2(\cos\theta_1 + i\sin\theta_1)(\cos\theta_2 + i\sin\theta_2) \\ &= r_1 r_2(\cos\theta_1\cos\theta_2 + i\cos\theta_1\sin\theta_2 + i\sin\theta_1\cos\theta_2 + \underset{-1}{i^2}\sin\theta_1\sin\theta_2) \\ &= r_1 r_2\{(\cos\theta_1\cos\theta_2 - \sin\theta_1\sin\theta_2) + i(\sin\theta_1\cos\theta_2 + \cos\theta_1\sin\theta_2)\} \\ &= r_1 r_2\{\cos(\theta_1+\theta_2) + i\sin(\theta_1+\theta_2)\} \quad \text{となって，公式通りだね。} \end{aligned}$

さらに，この積の公式から，

$$(\cos\theta + i\sin\theta)^2 = (\cos\theta + i\sin\theta)\cdot(\cos\theta + i\sin\theta)$$
$$= \cos(\theta + \theta) + i\sin(\theta + \theta) = \cos 2\theta + i\sin 2\theta$$

同様に，$(\cos\theta + i\sin\theta)^3 = \cos 3\theta + i\sin 3\theta$，……と表せる。これから，次の**ド・モアブルの定理**が導けるんだね。

ド・モアブルの定理

$$(\cos\theta + i\sin\theta)^n = \cos n\theta + i\sin n\theta$$
$$(n : 整数)$$

これは，n が 0 や負の整数でも成り立つんだよ。

それでは，このド・モアブルの定理の応用問題として，$z^n = \alpha$ の形の方程式を 1 つ解いてみよう。 $\boxed{-8i \text{ の } 3 \text{ 乗根を求める！}}$ $\boxed{\alpha \text{ の } n \text{ 乗根を求める}}$

$z^3 = -8i$ ……① をみたす複素数 z をすべて求めてみるよ。

$z = r(\cos\theta + i\sin\theta)$ とおくと，

①の左辺 $= z^3 = r^3(\cos\theta + i\sin\theta)^3 = r^3(\cos 3\theta + i\sin 3\theta)$ $\boxed{ド・モアブルだ！}$

$$\overset{\cos 270° \quad \sin 270°}{}$$

①の右辺 $= -8i = 8\{\boxed{0} + \boxed{(-1)}i\} = 8(\cos 270° + i\sin 270°)$

$\boxed{0 + (-8)i \text{ とみて，} \sqrt{0^2 + (-8)^2} = \underline{8} \text{ だね。}}$ 今回，偏角を ".∘." で表した。

以上より①は，$r^3(\cos 3\theta + i\sin 3\theta) = 8(\cos 270° + i\sin 270°)$

よって，この両辺の絶対値と偏角を比較して

$$\begin{cases} r^3 = 8 \\ 3\theta = 270° + 360°n \ (n = 0, \ 1, \ 2) \end{cases}$$

$\boxed{3 \text{ 乗根だからこの } 3 \text{ つで十分}}$

$\therefore r = 2$ $\boxed{n=0}$ $\boxed{n=1}$ $\boxed{n=2}$

$\therefore \theta = 90°, \ 210°, \ 330°$

以上より，求める z は，

$z_1 = 2(\cos 90° + i\sin 90°) = 2i$

$$\overset{-\frac{\sqrt{3}}{2} \qquad -\frac{1}{2}}{z_2 = 2(\boxed{\cos 210°} + i\boxed{\sin 210°})} = -\sqrt{3} - i$$

$$\overset{\frac{\sqrt{3}}{2} \qquad -\frac{1}{2}}{z_3 = 2(\boxed{\cos 330°} + i\boxed{\sin 330°})} = \sqrt{3} - i$$

方程式 $z^n = \alpha$ の解 z (α の **n 乗根**)は，必ず原点を中心とする同一円周上を n 等分するように，等間隔にキレイに並ぶんだよ。

● 複素数のかけ算は回転になる？

2つの複素数 α と β が図2のように与えられたとき，これらの**和**と**差**をそれぞれ γ，δ とおくと，

> これは，図形的には，α と $-\beta$ の和と考えるといいよ。

（ⅰ）$\gamma = \alpha + \beta$ 　　（ⅱ）$\delta = \alpha - \beta$

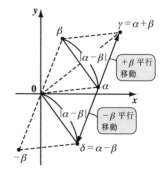

図2 複素数の和・差

この γ は，図2に示すように，0α と 0β を2辺にもつ平行四辺形の対角線の頂点の位置に，また，δ は，0α と $0(-\beta)$ を2辺とする平行四辺形の頂点の位置にくるんだね。

これって，α，β，γ，δ をそれぞれ $\overrightarrow{\mathrm{OA}}$，$\overrightarrow{\mathrm{OB}}$，$\overrightarrow{\mathrm{OC}}$，$\overrightarrow{\mathrm{OD}}$ と考えると，ベクトルの和と差のときとまったく同じになるんだね。

[（ⅰ）$\overrightarrow{\mathrm{OC}} = \overrightarrow{\mathrm{OA}} + \overrightarrow{\mathrm{OB}}$ 　　（ⅱ）$\overrightarrow{\mathrm{OD}} = \overrightarrow{\mathrm{OA}} - \overrightarrow{\mathrm{OB}}$ と同じだ。]

ただ，複素数の場合，複素数は点を表すので，点 $\gamma(=\alpha+\beta)$ は点 α を β だけ，また点 $\delta(=\alpha-\beta)$ は点 α を $-\beta$ だけ平行移動したものと考えてもいいよ。さらに，絶対値 $|\alpha - \beta|$ は，**2点 α，β 間の距離** を表しているのも大丈夫だね。

（これも，$|\overrightarrow{\mathrm{OA}} - \overrightarrow{\mathrm{OB}}| = |\overrightarrow{\mathrm{BA}}| = \mathrm{AB}$ と同じだ！）

以上，"**たし算**" と "**引き算**" については，平面ベクトルとまったく同じように考えていいんだね。でも，複素数の"かけ算"や"割り算"になると，回転や拡大(縮小)といった面白い性質が出てくるんだね。

原点のまわりの回転と相似変換

（ⅰ）$\dfrac{w}{z} = r(\cos\theta + i\sin\theta)$ $(z \neq 0)$

（ⅱ）点 w は点 z を原点のまわりに θ だけ回転して，r 倍に拡大(または縮小)したものである。

（これを**相似変換**と呼ぶ。）

（ⅲ）
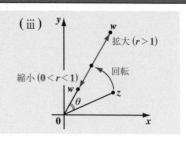

$z = r_0(\cos\theta_0 + i\sin\theta_0)$, $\alpha = r(\cos\theta + i\sin\theta)$ とおき，α と z の積を w とおくと，$w = \alpha z$ ……① となるね。これを変形してまとめると，

$$w = \alpha z = r(\cos\theta + i\sin\theta)\cdot r_0(\cos\theta_0 + i\sin\theta_0)$$
$$= r\cdot r_0\{\cos(\theta + \theta_0) + i\sin(\theta + \theta_0)\}$$

(z の絶対値 r_0 を r 倍する)　(z の偏角 θ_0 に θ を加える)

となるね。

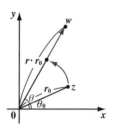

図 3　回転と相似の合成変換

これは，z の偏角 θ_0 に θ を加え，z の絶対値 r_0 を r 倍したものが点 w と言っているわけだから，図 3 のように，点 z を原点のまわりに θ だけ回転して，r 倍に相似変換したものが点 w になるんだ。

一般には，①を書きかえて

$\dfrac{w}{z} = \alpha$，すなわち，公式で示したように，$\dfrac{w}{z} = r(\cos\theta + i\sin\theta)$ の形で覚えておくといいよ。この (i) 公式, (ii) 文章, (iii) 図の 3 つが, 自由に頭の中で連動できるようになると，さまざまな問題が，面白いほど解けるようになるんだよ。

エッ, 割算も知りたいって？いいよ。z を α で割ったものを v とおくと，

$$v = \frac{z}{\alpha} \text{ より, } \frac{v}{z} = \frac{1}{\alpha} = \frac{1}{r\cdot(\cos\theta + i\sin\theta)} = \frac{1}{r}\cdot(\cos\theta + i\sin\theta)^{-1}$$
$$= \frac{1}{r}\cdot\{\cos(-\theta) + i\sin(-\theta)\}$$

(ド・モアブルを使った！)

よって, 点 v は, 点 z を原点 0 のまわりに $-\theta$ だけ回転して，$\dfrac{1}{r}$ 倍に拡大または縮小 (相似変換) したものだね。ここで, 角度は, (i) 反時計回りが $\oplus$, (ii) 時計回りが $\ominus$ の符号をもつことにも気をつけてくれ。

この回転と相似の合成変換が, 複素数平面のメインテーマの 1 つだからヨ〜ク勉強して，シッカリマスターしてくれ！

絶対値と複素数の実数条件

$z = \dfrac{1+\alpha i}{1-\alpha i}$ $(\alpha \ne -i,\ i = \sqrt{-1})$ とおく。

(1) α が実数のとき，$|z| = 1$ であることを示せ。

(2) $|z| = 1$ ならば，α は実数であることを示せ。　　　　　　（東京女子大）

ヒント！　(1) α が実数のとき，$|1+\alpha i| = \sqrt{1+\alpha^2}$，$|1-\alpha i| = \sqrt{1+(-\alpha)^2}$ から，$|z| = 1$ が導けるね。(2) $|z| = 1$ のとき，$|z|^2 = 1$，$z \cdot \bar{z} = 1$ と変形して解いていけばいいんだよ。頑張れ！

解答&解説

ココがポイント

公式　$\left|\dfrac{\alpha}{\beta}\right| = \dfrac{|\alpha|}{|\beta|}$ を使った！

(1) α が実数のとき，

$$|z| = \left|\frac{1+\alpha i}{1-\alpha i}\right| = \frac{|1+\alpha i|}{|1-\alpha i|}$$

$$= \frac{\sqrt{1+\alpha^2}}{\sqrt{1+(-\alpha)^2}} = \frac{\sqrt{1+\alpha^2}}{\sqrt{1+\alpha^2}} = 1 \qquad \cdots\cdots\cdots(終)$$

$\Leftarrow |a+bi| = \sqrt{a^2+b^2}$
$= \sqrt{(実部)^2 + (虚部)^2}$

(2) $|z| = 1$ のとき，この両辺を 2 乗して，

$$|z|^2 = 1,\ z \cdot \bar{z} = 1$$

よって，$\dfrac{1+\alpha i}{1-\alpha i} \cdot \overline{\left(\dfrac{1+\alpha i}{1-\alpha i}\right)} = 1$

公式
$\overline{\alpha+\beta} = \bar{\alpha}+\bar{\beta}$
$\overline{\alpha-\beta} = \bar{\alpha}-\bar{\beta}$
$\overline{\alpha \cdot \beta} = \bar{\alpha} \cdot \bar{\beta}$
$\overline{\left(\dfrac{\alpha}{\beta}\right)} = \dfrac{\bar{\alpha}}{\bar{\beta}}$ を使った！

$\dfrac{1+\alpha i}{1-\alpha i} \times \dfrac{1-\bar{\alpha} i}{1+\bar{\alpha} i} = 1$

$\Leftarrow \overline{\left(\dfrac{1+\alpha i}{1-\alpha i}\right)} = \dfrac{\overline{1+\alpha i}}{\overline{1-\alpha i}}$

$= \dfrac{\overline{1}+\bar{\alpha} \cdot \overline{i}}{\overline{1}-\bar{\alpha} \cdot \overline{i}}$

$= \dfrac{1-\bar{\alpha} \cdot i}{1+\bar{\alpha} \cdot i}$

この両辺に $(1-\alpha i)(1+\bar{\alpha} i)$ をかけて

$$(1+\alpha i)(1-\bar{\alpha} i) = (1-\alpha i)(1+\bar{\alpha} i)$$

$$1-\bar{\alpha} i + \alpha i - \alpha\bar{\alpha} i^2 = 1 + \bar{\alpha} i - \alpha i - \alpha\bar{\alpha} i^2$$

（i^2 の部分に -1 の印）

$$2\alpha i = 2\bar{\alpha} i \quad \therefore \alpha = \bar{\alpha}$$

以上より，　これは α の実数条件だね。

$|z| = 1$ ならば，α は実数である。$\cdots\cdots\cdots\cdots(終)$

ここで，
$\overline{1} = \overline{1+0i} = 1-0i = 1$
$\overline{i} = \overline{0+1 \cdot i} = 0-1 \cdot i = -i$

一般に a，b が実数のとき $\bar{a} = a$，$\overline{bi} = -bi$ となる。

i の 3 乗根と平行移動

演習問題 20 　　難易度 ★　　　CHECK 1　　CHECK 2　　CHECK 3

方程式 $z^3 - 3z^2 + 3z - 1 - i = 0$ をみたす複素数 z をすべて求めよ。

(東京慈恵医大)

ヒント！ 一見難しそうだけど，方程式をまとめて，$(z-1)^3 = i$ の形になること に気付けば，後は早いね。$z - 1 = w$ とおき，$w = r(\cos\theta + i\sin\theta)$ とおいて解こう。

解答 & 解説

$z^3 - 3z^2 + 3z - 1 - i = 0$ ……①

①を変形して，まとめると，$(z-1)^3 = i$ ……②

ここで，$z - 1 = w \ [z = w + 1]$ とおくと，②は

$w^3 = i$ ……③

ここで，$w = r(\cos\theta + i\sin\theta)$ とおくと，

③の左辺 $= r^3(\cos\theta + i\sin\theta)^3$ ← ド・モアブルを使った！

　　　　　$= r^3(\cos 3\theta + i\sin 3\theta)$

$\overset{\sqrt{0^2 + 1^2}}{} \quad \overset{\cos 90°}{} \quad \overset{\sin 90°}{}$

③の右辺 $= i = 0 + 1\cdot i = \boxed{1}(\boxed{0} + \boxed{1}\cdot i)$

　　　　　$= 1\cdot(\cos 90° + i\sin 90°)$

よって，③は，

$\boxed{r^3}(\cos\boxed{3\theta} + i\sin\boxed{3\theta}) = \boxed{1}\cdot(\cos\boxed{90°} + i\sin\boxed{90°})$

よって，$\begin{cases} r^3 = 1 & \boxed{\text{3 乗根だからこの 3 つで十分}} \\ 3\theta = 90° + 360°n & (n = 0, \ \boxed{1}, \ \boxed{2}) \end{cases}$

$\therefore r = 1, \ \theta = 30°, \ 150°, \ 270°$

ここで，$z = w + 1$ に注意して，求める解 z は，

$z_1 = 1\cdot(\overset{\frac{\sqrt{3}}{2}}{\boxed{\cos 30°}} + i\overset{\frac{1}{2}}{\boxed{\sin 30°}}) + 1 = \dfrac{2+\sqrt{3}}{2} + \dfrac{1}{2}i,$

$z_2 = 1\cdot(\overset{-\frac{\sqrt{3}}{2}}{\boxed{\cos 150°}} + i\overset{\frac{1}{2}}{\boxed{\sin 150°}}) + 1 = \dfrac{2-\sqrt{3}}{2} + \dfrac{1}{2}i,$

$z_3 = 1\cdot(\overset{0}{\boxed{\cos 270°}} + i\overset{-1}{\boxed{\sin 270°}}) + 1 = 1 - i$ ……(答)

ココがポイント

⟸ i の 3 乗根の問題だね。

⟸ $\theta = 30° + 120°n$ より， $n = 3, \ 4, \ 5, \ 6, \ \cdots$ とお いても同じ角度が繰り返 し出てくるだけで無意味 なんだね。

(z は w を 1 だけ平行移動したもの)

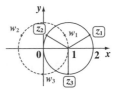

演習問題 21　難易度 ★★　CHECK 1　CHECK 2　CHECK 3

n を正の整数，a を実数とし，i を虚数単位とする。実数 x に対して，$(x+ai)^n = P(x) + Q(x)i$ とおく。ただし，$P(x)$，$Q(x)$ は実数である。このとき，x の整式 $P(x)$ を $x-a$ で割った余りが，$(\sqrt{2}\,a)^n \cos 45° n$ であることを示せ。

(大阪市立大)

ヒント! 剰余の定理から，整式 $P(x)$ を $x-a$ で割った余りは，$P(a)$ となるね。また，与えられた式にも，$x = a$ を代入して $(a+ai)^n = P(a) + Q(a)i$ となるので，左辺をさらに変形できる。

解答&解説

$(x+ai)^n = \underbrace{P(x)}_{x \text{の整式(実部)}} + \underbrace{Q(x)}_{x \text{の整式(虚部)}}i$ ……① とおく。

剰余の定理より，整式 $P(x)$ を $x-a$ で割った余りは，$P(a)$ である。

よって，①の両辺の x に a を代入して，

$(a+ai)^n = \underbrace{P(a)}_{実部} + \underbrace{Q(a)}_{虚部}i$ ……②

②の左辺を変形して，【a^n をくくり出す】

$(a+ai)^n = \{a(1+i)\}^n = a^n(1+i)^n$

$= a^n \left\{ \underset{\sqrt{1^2+1^2}}{\sqrt{2}} \left(\underset{\cos 45°}{\frac{1}{\sqrt{2}}} + \underset{\sin 45°}{\frac{1}{\sqrt{2}}}i \right) \right\}^n$ 【極形式にもち込む】

$= a^n(\sqrt{2})^n \cdot (\cos 45° + i\sin 45°)^n$

$= (\sqrt{2}\,a)^n \cdot (\cos 45° n + i\sin 45° n)$ 【ド・モアブルの定理だ】

$= \underbrace{(\sqrt{2}\,a)^n \cos 45° n}_{実部 P(a)} + \underbrace{i(\sqrt{2}\,a)^n \sin 45° n}_{虚部 Q(a)}$

以上より，整式 $P(x)$ を $x-a$ で割った余り $P(a)$ は

$P(a) = (\sqrt{2}\,a)^n \cos 45° n$　である。 ……………(終)

ココがポイント

⇦ 左辺を展開して，実部と虚部にまとめたものが，右辺なんだよ。

⇦ $1 + 1 \cdot i$ を極形式で表すと，$\sqrt{2}(\cos 45° + i\sin 45°)$ だね。後は，これを n 乗するのに，ド・モアブルの定理を使えば，実部と虚部にスッキリ分かれるね。これの a^n 倍を，②の右辺 $= P(a) + Q(a)i$ と比較すればいいんだね。

原点のまわりの回転と正三角形

演習問題 22 | 難易度 ★★ | CHECK 1 | CHECK 2 | CHECK 3

α, β が, $\alpha^2 + \beta^2 = \alpha\beta$, $|\alpha - \beta| = 3$ をみたす。

(1) $\dfrac{\beta}{\alpha}$ を求めよ。　　　(2) α の絶対値を求めよ。

(3) 原点 0 と 2 点 α, β でできる三角形の面積を求めよ。　　　(早稲田大)

ヒント! (1) $\alpha \neq 0$ より $\alpha^2 + \beta^2 = \alpha\beta$ の両辺を α^2 で割ればいい。(2) は,
$|\alpha - \beta| = 3$ を利用する。(3) は回転の問題になるよ。頑張ってくれ。

解答 & 解説

ココがポイント

$\alpha^2 + \beta^2 = \alpha\beta$ ……①,　$|\alpha - \beta| = 3$ ……② とおく。

⇦ $\alpha = 0$ と仮定すると①より $\beta^2 = 0$, $\beta = 0$
よって, ②より
$|0 - 0| = 0 \neq 3$ となって
矛盾。∴ $\alpha \neq 0$

(1) $\alpha \neq 0$ より, ①の両辺を α^2 で割って,

> $x^2 - x + 1 = 0$ とみるといいよ。

$$1 + \left(\frac{\beta}{\alpha}\right)^2 = \frac{\beta}{\alpha} \qquad \left(\frac{\beta}{\alpha}\right)^2 - \frac{\beta}{\alpha} + 1 = 0$$

> これは, 背理法だ!

$$\therefore \frac{\beta}{\alpha} = \frac{1 \pm \sqrt{(-1)^2 - 4 \cdot 1 \cdot 1}}{2} = \frac{1 \pm \sqrt{3}\,i}{2} \cdots ③ (答)$$

(2) ③より, $\beta = \dfrac{1 \pm \sqrt{3}\,i}{2}\alpha$　これを②に代入して,

⇦ $\left|\alpha - \dfrac{1 \pm \sqrt{3}\,i}{2}\alpha\right|$
$= \left|\left(1 - \dfrac{1 \pm \sqrt{3}\,i}{2}\right)\alpha\right|$
$= \left|\left(\dfrac{1}{2} \mp \dfrac{\sqrt{3}}{2}i\right)\alpha\right|$

$$\left|\alpha - \frac{1 \pm \sqrt{3}\,i}{2}\alpha\right| = 3, \quad \left|\frac{1}{2} \mp \frac{\sqrt{3}}{2}i\right||\alpha| = 3$$

$$\sqrt{\left(\frac{1}{2}\right)^2 + \left(\mp\frac{\sqrt{3}}{2}\right)^2} = \sqrt{\frac{1}{4} + \frac{3}{4}} = \sqrt{1} = 1$$

$$\therefore |\alpha| = 3 \quad\text{……………………(答)}$$

(3) ③より,

> $r = 1$ だから拡大・縮小はないね。

> $\theta = \pm 60°$ だから α を原点のまわりに $\pm 60°$ 回転する。

$$\frac{\beta}{\alpha} = \left(\frac{1}{2}\right) + \left(\pm\frac{\sqrt{3}}{2}\right)i = 1\{\cos(\pm 60°) + i\sin(\pm 60°)\}$$

$\cos(\pm 60°)$　$\sin(\pm 60°)$

よって, 点 β は, 点 α を原点のまわりに $60°$ ま
たは $-60°$ だけ回転したものなので, $\triangle 0\alpha\beta$ は,
1 辺の長さが $|\alpha| = 3$ の正三角形である。よって,

この正三角形の面積 $S = \dfrac{\sqrt{3}}{4} \cdot 3^2 = \dfrac{9\sqrt{3}}{4}$　……(答)

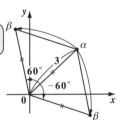

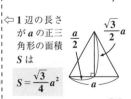

⇦ 1 辺の長さ
が a の正三
角形の面積
S は
$S = \dfrac{\sqrt{3}}{4}a^2$

§2. 複素数平面は図形問題を解くスバラシイ鍵だ！

● 複素数平面と平面ベクトルはよく似てる！

複素数同士のたし算や引き算，それに実数倍の計算は，複素数の実部と虚部を，成分表示された平面ベクトルの x 成分と y 成分に対応させると，まったく同様になるんだね。このことから，平面ベクトルで出てきた**内分点・外分点**の公式が複素数平面でも，そのまま使えるんだよ。

■ 内分点・外分点の公式

(I) 点 γ が 2 点 α, β を結ぶ線分を $m:n$ の比に内分するとき，$\gamma = \dfrac{n\alpha + m\beta}{m+n}$

$\left(\begin{array}{l}\text{点 } \gamma \text{ が 2 点 } \alpha, \beta \text{ を結ぶ線分を } t:1-t \\ \text{の比に内分するとき，} \gamma = (1-t)\alpha + t\beta\end{array}\right)$

特に，点 γ が，2 点 α, β を結ぶ線分の中点のとき，$\gamma = \dfrac{\alpha + \beta}{2}$

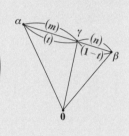

(II) 3 点 α, β, γ でできる△ $\alpha\beta\gamma$ の**重心**を δ とおくと，$\delta = \dfrac{1}{3}(\alpha + \beta + \gamma)$

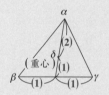

(III) 点 γ が，2 点 α, β を結ぶ線分を $m:n$ に外分するとき，

$$\gamma = \dfrac{-n\alpha + m\beta}{m-n}$$

(i) $m>n$ のとき　(ii) $m<n$ のとき

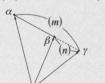
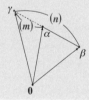

α, β, γ, δ を，それぞれ $\overrightarrow{OA}$, $\overrightarrow{OB}$, $\overrightarrow{OP}$, $\overrightarrow{OG}$ に置き換えると，公式の意味はすべて明らかなはずだ。

それじゃ，例題を 1 つ。2 点 $\alpha = 3 + 2i$，$\beta = 1 - 4i$ を結ぶ線分を $3 : 1$ に外分する点 (複素数) γ を求めてみよう。公式通りにやって，

$$\gamma = \frac{-1 \cdot \alpha + 3 \cdot \beta}{3 - 1} = \frac{-(3 + 2i) + 3(1 - 4i)}{2} = \frac{-14i}{2} = -7i \quad \text{となるんだね。}$$

● 円の方程式もベクトルとソックリ！

複素数 z を使った中心 α，半径 r の円の方程式を次に示すよ。

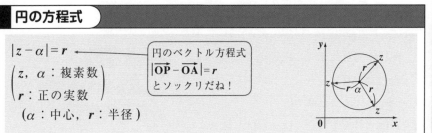

円の方程式

$|z - \alpha| = r$ ← 円のベクトル方程式 $|\overrightarrow{OP} - \overrightarrow{OA}| = r$ とソックリだね！

$\begin{pmatrix} z, \ \alpha : 複素数 \\ r : 正の実数 \end{pmatrix}$

$(\alpha : 中心, \ r : 半径)$

$|z - \alpha|$ は，2 点 z，α 間の距離を表すんだね。この距離が一定の r ということは，動点 z が中心 α からの距離を r に保ちながら動くので，動点 z は，中心 α，半径 r の円を描くことになるね。これは，円のベクトル方程式 $|\overrightarrow{OP} - \overrightarrow{OA}| = r$ とソックリだね。ただ複素数の円の方程式では，$|z - \alpha| = r$ の両辺を 2 乗して，次のように式を変形できる。

$|z - \alpha|^2 = r^2$

$(z - \alpha)(\overline{z - \alpha}) = r^2$

$(z - \alpha)(\overline{z} - \overline{\alpha}) = r^2$

$z\overline{z} - \overline{\alpha}z - \alpha\overline{z} + \boxed{\alpha\overline{\alpha} - r^2} = 0$

$\qquad\qquad\quad |\alpha|^2 - r^2 = k$ (定数)

$z\overline{z} - \overline{\alpha}z - \alpha\overline{z} + k = 0$

これを逆にたどって，方程式 $z\overline{z} - \overline{\alpha}z - \alpha\overline{z} + k = 0$ を変形して，円の方程式 $|z - \alpha| = r$ に持ち込む訓練を繰り返しやっておいてくれ。スゴク力がつくよ。

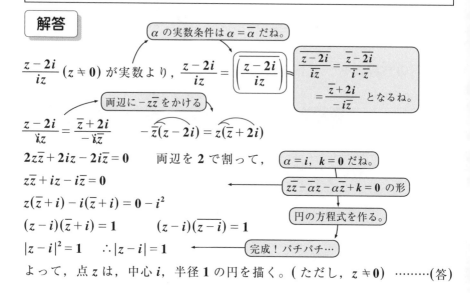

◆例題 13 ◆

z は複素数で，$\dfrac{z-2i}{iz}$ が実数となるように変化する。このとき，z の描く図形を求めよ。

解答

α の実数条件は $\alpha = \overline{\alpha}$ だね。

$\dfrac{z-2i}{iz}$ $(z \neq 0)$ が実数より，$\dfrac{z-2i}{iz} = \overline{\left(\dfrac{z-2i}{iz}\right)}$

$\overline{\dfrac{z-2i}{iz}} = \dfrac{\overline{z}-\overline{2i}}{\overline{i}\cdot\overline{z}}$

$= \dfrac{\overline{z}+2i}{-i\overline{z}}$ となるね。

両辺に $-z\overline{z}$ をかける

$\dfrac{z-2i}{iz} = \dfrac{\overline{z}+2i}{-i\overline{z}}$ $-\overline{z}(z-2i) = z(\overline{z}+2i)$

$2z\overline{z} + 2iz - 2i\overline{z} = 0$ 両辺を 2 で割って， $\alpha = i,\ k = 0$ だね。

$z\overline{z} + iz - i\overline{z} = 0$ ← $z\overline{z} - \overline{\alpha}z - \alpha\overline{z} + k = 0$ の形

$z(\overline{z}+i) - i(\overline{z}+i) = 0 - i^2$ ← 円の方程式を作る。

$(z-i)(\overline{z}+i) = 1$ $(z-i)(\overline{z-i}) = 1$

$|z-i|^2 = 1$ $\therefore |z-i| = 1$ ← 完成！パチパチ…

よって，点 z は，中心 i，半径 1 の円を描く。(ただし，$z \neq 0$) ………(答)

次に，**垂直二等分線**と**アポロニウスの円**の方程式を下に示そう。

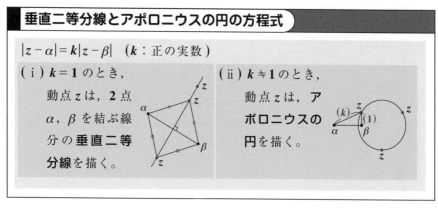

垂直二等分線とアポロニウスの円の方程式

$|z-\alpha| = k|z-\beta|$ $(k : 正の実数)$

(i) $k = 1$ のとき，
　　動点 z は，2 点 α，β を結ぶ線分の**垂直二等分線**を描く。

(ii) $k \neq 1$ のとき，
　　動点 z は，**アポロニウスの円**を描く。

(i) $k=1$ のとき，$|z-\alpha|=|z-\beta|$ となって，点 z は，2 点 α，β から等距離を保ちながら動くので，z は 2 点 α，β を結ぶ線分の垂直二等分線を描くんだね。

(ii) $k \neq 1$ のとき，$|z-\alpha|=k|z-\beta|$ から，$|z-\alpha|:|z-\beta|=k:1$
すなわち，点 z は，2 点 α，β からの距離の比を $k:1$ に保ちながら動くので，線分 $\alpha\beta$ を $k:1$ に内分する点と，外分する点を直径の両端にもつアポロニウスの円を描くことになるんだね。

◆例題 14 ◆

複素数 z が，$|z-3|=2|z|$ をみたすとき，z はどのような図形を描くか。

(東京学芸大)

解答

これから，
$|z-0|:|z-3|=1:2$　よって，2 点 0，3 を両端点とする線分を
(i) 1:2 に内分する点 1 と
(ii) 1:2 に外分する点 −3
を直径の両端にもつアポロニウスの円が描かれるんだよ。

答えは見えてるんだ！

$|z-3|=2|z|$ ……①

①の両辺を 2 乗して

$|z-3|^2=4|z|^2$

$(z-3)(\overline{z-3})=4z\bar{z}$

$(z-3)(\bar{z}-3)=4z\bar{z}$　　$z\bar{z}-3z-3\bar{z}+9=4z\bar{z}$

$3z\bar{z}+3z+3\bar{z}=9$　　$z\bar{z}+z+\bar{z}=3$

これから円の式にもち込む

$z(\bar{z}+1)+(\bar{z}+1)=3+1$　　$(z+1)(\bar{z}+1)=4$

$(z+1)(\overline{z+1})=4$　　$|z+1|^2=4$　　∴$|z+1|=2$

よって，点 z は，中心 −1，半径 2 の円を描く。 …………………………(答)

(別解)

$z=x+yi$ とおくと，①より，$|(x-3)+yi|=2|x+yi|$

$\sqrt{(x-3)^2+y^2}=2\sqrt{x^2+y^2}$　両辺を 2 乗して，中心 $(-1,0)$，半径 2 の円

$(x-3)^2+y^2=4(x^2+y^2)$　　$3x^2+6x+3y^2=9$

$(x^2+2x+1)+y^2=3+1$, $(x+1)^2+y^2=4$　となって，同じ結果が導ける。

● 回転と相似の合成変換に再チャレンジだ！

回転と相似の合成変換は，複素数平面の中で最も出題頻度の高い分野なんだよ。エッ，力が入るって？(笑) そんなに力まなくても大丈夫。今回は，原点以外の点のまわりの回転と相似の合成変換の公式を書いておくから，(i) 公式，(ii) 文章，(iii) 図を関連させながら覚えてくれ。

回転と相似の合成変換

(i) $\dfrac{w-\alpha}{z-\alpha} = r(\cos\theta + i\sin\theta)$ $(z \neq \alpha)$

(ii) 点 w は，点 z を点 α のまわりに θ だけ回転して，さらに r 倍に拡大 (または縮小) したものである。

(iii)

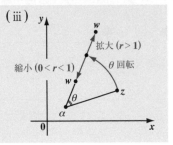

これは，$\alpha = 0$ のとき，前回やった原点のまわりの回転と相似の合成変換になるんだね。この公式は，$\alpha \neq 0$ のときでも成り立つと言っているわけだけど，これは，次のように考えるといい。α，z，w を表す点を A，P，Q とおくと，複素数の引き算はベクトルと同様に考えることができるので，$w - \alpha = \overrightarrow{OQ} - \overrightarrow{OA} = \overrightarrow{AQ}$，$z - \alpha = \overrightarrow{OP} - \overrightarrow{OA} = \overrightarrow{AP}$ となるわけだね。よって，

$$\dfrac{\overset{\overrightarrow{AQ}}{(w-\alpha)}}{\underset{\overrightarrow{AP}}{(z-\alpha)}} = r(\cos\theta + i\sin\theta)$$ は $\overrightarrow{AP}$ を θ だけ回転して，r 倍に相似変換した

ものが $\overrightarrow{AQ}$ になると言っているわけだから，点 A(点 α) のまわりの回転と相似の合成変換になるんだね。納得いった？

ここで，この公式の具体例をさらに言っておくよ。

$$\boxed{\text{実数条件 } \dfrac{w-\alpha}{z-\alpha} = \overline{\left(\dfrac{w-\alpha}{z-\alpha}\right)}}$$

(i) $\dfrac{w-\alpha}{z-\alpha} =$ 実数のとき，$\sin\theta = 0$ より，$\theta = 0°$，$180°$，すなわち

$\angle z\alpha w = 0°$，$180°$ となるので，3 点 α，z，w は同一直線上に並ぶね。

$$\boxed{\text{純虚数条件} \quad \frac{w-\alpha}{z-\alpha} + \overline{\left(\frac{w-\alpha}{z-\alpha}\right)} = 0}$$

(ⅱ) $\dfrac{w-\alpha}{z-\alpha} =$ 純虚数のとき，$\cos\theta = 0$ より，$\theta = 90°$，$270°$，すなわち

$\angle z\alpha w = 90°$，$270°$ となるので，$\alpha z \perp \alpha w$（垂直）になる。

◆ 例題 15 ◆

複素数平面上の 3 点 $\mathrm{A}(\alpha)$，$\mathrm{B}(i)$，$\mathrm{C}(\sqrt{3}+2i)$ を頂点とする三角形において，$\angle\mathrm{ABC} = 60°$，$\angle\mathrm{BCA} = 30°$ である。このとき，α の値を求めよ。

(神奈川工大)

解答

$\beta = i$，$\gamma = \sqrt{3}+2i$ とおく。

右図より，点 α は，点 γ を点 β のまわ

$\boxed{\text{角度は，反時計まわりが} \oplus \text{，時計まわりが} \ominus}$

りに $\pm 60°$ だけ回転して，$\dfrac{1}{2}$ 倍に縮小

したものである。 ← $\boxed{\alpha \text{ は，2 通りあるね！}}$

よって，

$$\frac{\alpha - \overset{i}{\beta}}{\gamma - \beta} = \frac{1}{2}\{\overset{\frac{1}{2}}{\underbrace{\cos(\pm 60°)}} + i\overset{\pm\frac{\sqrt{3}}{2}}{\underbrace{\sin(\pm 60°)}}\}$$

$$\alpha = \frac{1}{2}\left(\frac{1}{2} \pm \frac{\sqrt{3}}{2}i\right)(\sqrt{3}+i) + i = \frac{1}{2}\left(\frac{\sqrt{3}}{2} + \frac{1}{2}i \pm \frac{3}{2}i \pm \frac{\sqrt{3}}{2}\overset{(-1)}{i^2}\right) + i$$

$$= \frac{1}{2}\left\{\left(\frac{\sqrt{3}}{2} \mp \frac{\sqrt{3}}{2}\right) + \left(\frac{1}{2} \pm \frac{3}{2}\right)i\right\} + i = 2i，\ \frac{\sqrt{3}}{2} + \frac{1}{2}i \quad \cdots\cdots\cdots\cdots(\text{答})$$

$$\boxed{\frac{1}{2}\left\{\left(\frac{\sqrt{3}}{2} - \frac{\sqrt{3}}{2}\right) + \left(\frac{1}{2} + \frac{3}{2}\right)i\right\} + i} \quad \boxed{\frac{1}{2}\left\{\left(\frac{\sqrt{3}}{2} + \frac{\sqrt{3}}{2}\right) + \left(\frac{1}{2} - \frac{3}{2}\right)i\right\} + i}$$

どう？回転と相似の合成変換にも慣れた？ウン，いいね。それじゃさらに演習問題で，キミの腕に磨きをかけてくれ！

線分の垂直二等分線

複素数 z が，中心 $-1+i$，半径 1 の円を描くとき，$w = -\dfrac{z+i}{z-i}$ …①は
どのような図形を描くか。

> **ヒント！** z は，円の方程式 $|z-(-1+i)|=1$ をみたすので，①を変形して，z $=(w$ の式$)$ の形にして，これを円の方程式に代入すれば，w の方程式になるんだね。

解答＆解説

z は，中心 $-1+i$，半径 1 の円上の点より，

$|z+1-i|=1$ ……②　をみたす。

次に，$w = -\dfrac{z+i}{z-i}$ …① を変形して，

$w(z-i) = -z-i$　　$(w+1)z = iw-i$

$z = \dfrac{i(w-1)}{w+1}$ ……①′

①′を②に代入して z を消去すると，

$\left|\dfrac{i(w-1)}{w+1}+1-i\right| = 1$

$\dfrac{|iw-i+(1-i)(w+1)|}{|w+1|} = 1$　←（両辺に $|w+1|$ をかける。）

$|w+1-2i| = |w+1|$

$|w-(-1+2i)| = |w-(-1)|$ ……③
　　　　$\underbrace{}_{\alpha}$　　　$\underbrace{}_{\beta}$

よって，③より，点 w は 2 点 $-1+2i$ と -1 を結ぶ
線分の垂直二等分線（$y=1$）を描く。……………(答)

> $w = x+yi$ とおくと，③より
> $\sqrt{(x+1)^2+(y-2)^2} = \sqrt{(x+1)^2+y^2}$　両辺を 2 乗して，
> $\cancel{(x+1)^2}+(y-2)^2 = \cancel{(x+1)^2}+y^2$
> $\cancel{y^2}-4y+4 = \cancel{y^2}$　∴ $y=1$

ココがポイント

⇦ 中心 $\alpha = -1+i$, 半径 $r=1$ の円より，$|z-\alpha|=r$
$|z-(-1+i)|=1$ だね。

⇦ $z=(w$ の式$)$ …①′ を求めて，①′を②に代入すれば，w の方程式が出来る！

⇦ 左辺の分子の| |内
$= i\cancel{w}-i+w+1-i\cancel{w}-i$
$= w+1-2i$

⇦ $|w-\alpha|=|w-\beta|$ のとき，点 w は，線分 $\alpha\beta$ の垂直二等分線を描く。

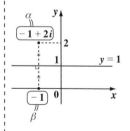

円の方程式と平行移動

演習問題 24	難易度 ★	CHECK 1	CHECK 2	CHECK 3

複素数 z が，$|z|^2 - (1+i)z - (1-i)\overline{z} = -1$ を満たすとき，
$w = z + (1 + \sqrt{3})i$ とおく。w の偏角 $\theta(0° \leqq \theta < 360°)$ の最小値を求めよ。
ただし，i は虚数単位，$\overline{z}$ は z の共役複素数である。

(福島県立医科大)

ヒント! $1 - i = \alpha$ とおくと，与方程式は，$z\overline{z} - \overline{\alpha}z - \alpha\overline{z} + 1 = 0$ となるから，これをまとめると円になるね。これを虚軸方向に $(1+\sqrt{3})i$ だけ平行移動したものが w の表す図形になるよ。図を描いてごらん。

解答&解説

与方程式を変形して，

$z\overline{z} - (1+i)z - (1-i)\overline{z} = -1$ ⟸ この式を変形して円の方程式にもち込む。

$1 - i^2 = 1 + 1 = 2$

$\{\overline{z} - (1+i)\}z - (1-i)\{\overline{z} - (1+i)\} = -1 + \boxed{(1-i)(1+i)}$

$\overline{(1-i)}$

$\{z - (1-i)\}\{\overline{z} - (\boxed{1+i})\} = 1$

$\{z - (1-i)\}\{\overline{z} - (\overline{1-i})\} = 1$

$\{z - (1-i)\}\{\overline{z - (1-i)}\} = 1$

$|z - (1-i)|^2 = 1$

$\therefore |z - (1-i)| = 1$

よって，点 z は，中心 $1-i$，半径 1 の円を描く。 ⟸ 円の方程式 $|z - \alpha| = r$ の形にもち込めた!

ここで，$w = z + (1 + \sqrt{3})i$ より， y 軸方向に $1 + \sqrt{3}$ 平行移動

点 w は，z の描く図形を虚軸方向に $(1+\sqrt{3})i$ だけ平行移動したものである。 $1 - i + (1 + \sqrt{3})i$

よって，点 w は，右図に示すように，中心 $1 + \sqrt{3}\,i$，半径 1 の円を描く。

ゆえに，点 w が，右図の w_1 の位置にきたとき，複素数 w の偏角は最小になる。

以上より，複素数 w の偏角の最小値は，$30°$ である。
..........(答)

図

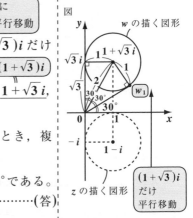

89

2点間の距離と最小値

| 演習問題 25 | 難易度 ★★ | CHECK 1 | CHECK 2 | CHECK 3 |

α, β を 0 でない複素数とし, $\alpha' = \dfrac{\alpha}{|\alpha|^2}$, $\beta' = \dfrac{\beta}{|\beta|^2}$ とする。

(1) $|\alpha' - \beta'|$ を $|\alpha|$, $|\beta|$, $|\alpha - \beta|$ を用いて表せ。

(2) α, β が $|\alpha - \beta| = 1$, $|\alpha| = 2$ をみたしながら動くとき,

$|\alpha' - \beta'|$ の最小値を求めよ。 (一橋大)

ヒント! (1) $|\alpha|^2 = \alpha\bar{\alpha}$, $|\beta|^2 = \beta\bar{\beta}$ を使うといいよ。(2) では, $|\beta|$, つまり β と原点 0 との距離の取り得る値の範囲を押さえるんだよ。

解答&解説 / ココがポイント

(1) $\alpha' = \dfrac{\alpha}{|\alpha|^2} = \dfrac{\overset{1}{\cancel{\alpha}}}{\cancel{\alpha} \cdot \bar{\alpha}} = \dfrac{1}{\bar{\alpha}}$,

$\beta' = \dfrac{\beta}{|\beta|^2} = \dfrac{\overset{1}{\cancel{\beta}}}{\cancel{\beta} \cdot \bar{\beta}} = \dfrac{1}{\bar{\beta}}$ より

$|\alpha' - \beta'| = \left| \dfrac{1}{\bar{\alpha}} - \dfrac{1}{\bar{\beta}} \right| = \left| \dfrac{\bar{\beta} - \bar{\alpha}}{\bar{\alpha}\bar{\beta}} \right| = \dfrac{|\bar{\alpha} - \bar{\beta}|}{|\bar{\alpha}| \cdot |\bar{\beta}|}$

⇦ 絶対値と共役複素数の公式のオンパレードだ!

$= \dfrac{|\overline{\alpha - \beta}|}{|\bar{\alpha}| \cdot |\bar{\beta}|} = \dfrac{|\alpha - \beta|}{|\alpha| \cdot |\beta|}$ ……① …………(答)

⇦ $|\overline{\alpha - \beta}| = |\alpha - \beta|$, $|\bar{\alpha}| = |\alpha|$, $|\bar{\beta}| = |\beta|$ だね。

(2) $\underbrace{|\alpha| = 2}_{|\alpha - 0| = 2}$ ……②, $\underbrace{|\alpha - \beta| = 1}_{|\beta - \alpha| = 1}$ ……③

②, ③を①に代入して,

$|\alpha' - \beta'| = \dfrac{\overset{1}{\boxed{(|\alpha - \beta|)}}}{\underset{2}{\boxed{(|\alpha|)}}|\beta|} = \dfrac{1}{2|\beta|}$ ……④

⇦ ④より $|\beta|$ が最大のとき $|\alpha' - \beta'|$ は最小になるね。

ここで, ②より, $|\alpha - 0| = 2$ よって, α は, 原点を中心とする半径 2 の円周上の点である。また, ③より, $|\beta - \alpha| = 1$ よって, β は, その α を中心とする半径 1 の円周上の点である。$|\beta|$ は原点 0 と点 β との距離であり, β が右図の β_1 の位置にあるとき, $|\beta|$ は最大値 3 をとる。

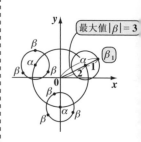

最大値 $|\beta| = 3$

よって, ④より最小値 $|\alpha' - \beta'| = \dfrac{1}{2 \cdot 3} = \dfrac{1}{6}$…(答)

回転と相似の合成変換の問題

複素数平面上で，複素数 $1+i$，α，β の表す点を P，A，B とする。
$\triangle$ OPA は正三角形，$\triangle$ PAB は $\angle$ B $= 90°$ の直角二等辺三角形である。
点 A は第 4 象限に，点 B は $\triangle$ OPA の内部にあるものとする。複素数 α，
β を求めよ。　　　　　　　　　　　　　　　　　　　　　　　　（千葉大）

ヒント！ 　典型的な回転と相似の合成変換の問題だね。この公式を 2 回使うけれど，回転角の向きが時計回りのとき負になるんだね。

解答＆解説

図 1 に示すように，点 α は，点 $1+i$ を原点のまわりに $-60°$ だけ回転したものなので，

$$\frac{\alpha}{1+i} = \boxed{1}\{\underbrace{\cos(-60°)}_{\frac{1}{2}} + i\underbrace{\sin(-60°)}_{-\frac{\sqrt{3}}{2}}\}$$

回転のみなので，$r = 1$ だ！

よって，

$$\alpha = \frac{1}{2}\overbrace{(1-\sqrt{3}\,i)(1+i)} = \frac{1}{2}(1+i-\sqrt{3}\,i-\sqrt{3}\,\underset{(-1)}{i^2})$$

$$\therefore \alpha = \frac{1+\sqrt{3}}{2} + \frac{1-\sqrt{3}}{2}i \quad\text{..............（答）}$$

次に，図 2 に示すように，点 β は，点 α を点 $1+i$ のまわりに $-45°$ だけ回転して $\frac{1}{\sqrt{2}}$ 倍に縮小したものより，

$\frac{1}{\sqrt{2}}$ 倍に縮小

$$\frac{\beta - (1+i)}{\alpha - (1+i)} = \boxed{\frac{1}{\sqrt{2}}}\{\underbrace{\cos(-45°)}_{\frac{1}{\sqrt{2}}} + i\underbrace{\sin(-45°)}_{-\frac{1}{\sqrt{2}}}\}$$

$$\beta = \frac{1}{2}(1-i)\left(\frac{1+\sqrt{3}}{2} + \frac{1-\sqrt{3}}{2}i - 1 - i\right) + 1 + i$$

$$= \frac{1}{4}\overbrace{(1-i)\{(-1+\sqrt{3}) - (1+\sqrt{3})i\}} + 1 + i$$

$$= \frac{1}{4}\{-1+\sqrt{3} - (1+\sqrt{3})i - (1+\sqrt{3})i + (1+\sqrt{3})\underset{(-1)}{i^2} + 4 + 4i\}$$

$$= \frac{1}{4}\{2 + (4-2\sqrt{3})i\} = \frac{1}{2} + \left(1 - \frac{\sqrt{3}}{2}\right)i \quad\text{...........（答）}$$

ココがポイント

図1

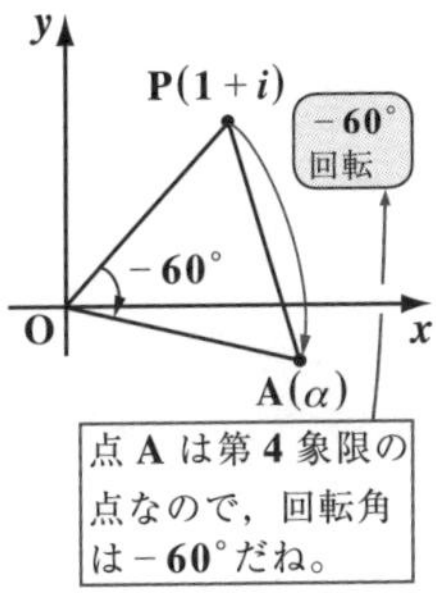

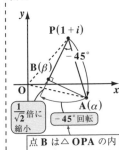

$-60°$ 回転

点 A は第 4 象限の点なので，回転角は $-60°$ だね。

図 2

$-45°$

$\frac{1}{\sqrt{2}}$ 倍に縮小　　$-45°$ 回転

点 B は $\triangle$ OPA の内部の点より，回転角は $-45°$ だね。

演習問題 **27**　　難易度 ★★★　　*CHECK 1*　　*CHECK 2*　　*CHECK 3*

複素数 z について，$\dfrac{z}{z-\sqrt{2}}$ が虚軸上にあるとする。

(1) z はどのような図形上にあるか。

(2) このような z のうち $\dfrac{1+i}{\sqrt{2}}$ からの距離が最大となるものを求めよ。

(3) (2) で求めた z について，$1+z+z^2+z^3+z^4+z^5+z^6+z^7$ を計算せよ。

（高知大）

レクチャー　回転と相似の合成変換 $\dfrac{w-\alpha}{z-\alpha}=r(\cos\theta+i\sin\theta)$ の公式で，α，z，w の表す点をそれぞれ A，P，Q とおくと，$z-\alpha$ や $w-\alpha$ は，ベクトル $\overrightarrow{AP}$，$\overrightarrow{AQ}$ と同じだと言ったね。ここで，ベクトルならば平行移動しても同じものなわけだから，回転の中心がずれたってかまわないんだよ。新たに，複素数 β と，それを表す点を B とおくよ。

$\dfrac{w-\beta}{z-\alpha}=r(\cos\theta+i\sin\theta)$ の式の意味は，$\overrightarrow{AP}$ を θ だけ回転して r 倍したものが，$\overrightarrow{BQ}$ ということになるんだね。右図を参考にしてくれ。

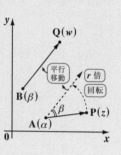

解答 & 解説

ココがポイント

(1) $\dfrac{z}{z-\sqrt{2}}$ $(z\neq\sqrt{2})$ が虚軸上にあるということは，

⇦ 分母 $\neq 0$ より $z\neq\sqrt{2}$

これが純虚数または **0** より

$$\dfrac{z}{z-\sqrt{2}}=b\underset{\substack{\big\uparrow\\ i}}{\overset{\cos 90^\circ+i\sin 90^\circ}{}}\quad とおける。$$

よって，$\dfrac{z-0}{z-\sqrt{2}}=b(\cos 90^\circ+i\sin 90^\circ)$ …①

⇦ $z-0$ は $\overrightarrow{OP}$，$z-\sqrt{2}$ は $\overrightarrow{AP}$ を表し，①より $\overrightarrow{OP}\perp\overrightarrow{AP}$ だね。

ここで，**0**，$\sqrt{2}$，z を表す点をそれぞれ **O**，**A**，**P** とおくと，①より $\overrightarrow{OP}$ と $\overrightarrow{AP}$ は垂直になる。

2 定点 **O** と $\mathbf{A}(\sqrt{2}+0\cdot i)$ から **P** に引いた **2** 本の直線がつねに直交することから，点 **P** は右図のように，線分 **OA** を直径とする円周上にある。(ただし，点 $\sqrt{2}$ は除く) ……………(答)

> 円周角 $\angle\mathbf{OPA}=90^{\circ}$ だね！

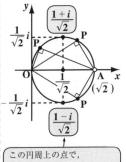

> ⇦ **P**＝**O** のとき，直交条件は成り立たないが，$z=0$ は条件をみたす。

> この円周上の点で，$\dfrac{1+i}{\sqrt{2}}$ から最も離れているのがこの点だね。

別解

(1) の解法は，次のようにしてもいいよ。

(i) $\dfrac{z}{z-\sqrt{2}}+\overline{\left(\dfrac{z}{z-\sqrt{2}}\right)}=0$ を変形して，円

> 純虚数条件 $\alpha+\overline{\alpha}=0$

の方程式 $\left|z-\dfrac{1}{\sqrt{2}}\right|=\dfrac{1}{\sqrt{2}}$ を導く。

(ii) $z=x+yi$ とおいて，

> これは純虚数または **0**

$$\dfrac{z}{z-\sqrt{2}}=\underset{0}{\boxed{\text{実部}}}+(\text{虚部})i \text{ とし，}$$

実部 $=0$ から $\left(x-\dfrac{1}{\sqrt{2}}\right)^2+y^2=\dfrac{1}{2}$ を導く。

(2) 図より，円周上を動く z のうち，$\dfrac{1+i}{\sqrt{2}}$ からの距離が最大となる z は，$z=\dfrac{1-i}{\sqrt{2}}$ である。……(答)

(3) 与式は，初項 **1**，公比 $z\,(\neq 1)$ の等比数列の，初項から第 **8** 項までの和なので

> $\dfrac{a(1-r^8)}{1-r}$

$$1+z+z^2+\cdots+z^7=\dfrac{1\cdot(1-z^8)}{1-z}\ \cdots\cdots②$$

ここで，$z=\dfrac{1-i}{\sqrt{2}}=\dfrac{1}{\sqrt{2}}+\left(-\dfrac{1}{\sqrt{2}}\right)i$
$$=\cos(-45^{\circ})+i\sin(-45^{\circ})\ \cdots③$$

③を②に代入して，

与式 $=\dfrac{1-\{\cos(-45^{\circ})+i\sin(-45^{\circ})\}^8}{1-z}$

$$=\dfrac{1-\underset{1}{\boxed{\cos(-360^{\circ})}}-i\underset{0}{\boxed{\sin(-360^{\circ})}}}{1-z}=0$$

……(答)

> ⇦ $a=1$，$r=z$，項数 $n=8$ の等比数列の和の公式：$\dfrac{a(1-r^n)}{1-r}$ を使った。

> ⇦ ド・モアブルより
> $\{\cos(-45^{\circ})$
> $\quad+i\sin(-45^{\circ})\}^8$
> $=\cos(-45^{\circ}\times 8)$
> $\quad+i\sin(-45^{\circ}\times 8)$
> $=\cos(-360^{\circ})$
> $\quad+i\sin(-360^{\circ})$ だ。

1. 絶対値

$\alpha = a + bi$　のとき，$|\alpha| = \sqrt{a^2 + b^2}$ ← これは，原点 **0** と点 α との間の距離を表す。

2. 共役複素数と絶対値の公式

(1) $\overline{\alpha \pm \beta} = \overline{\alpha} \pm \overline{\beta}$　　(2) $\overline{\alpha \times \beta} = \overline{\alpha} \times \overline{\beta}$　　(3) $\overline{\left(\dfrac{\alpha}{\beta}\right)} = \dfrac{\overline{\alpha}}{\overline{\beta}}$

(4) $|\alpha| = |\overline{\alpha}| = |-\alpha| = |-\overline{\alpha}|$　　(5) $|\alpha|^2 = \alpha\overline{\alpha}$

3. 積と商の絶対値

(1) $|\alpha\beta| = |\alpha||\beta|$　　　　　　　　(2) $\left|\dfrac{\alpha}{\beta}\right| = \dfrac{|\alpha|}{|\beta|}$

4. 実数条件と純虚数条件

（ⅰ）α が実数 $\Longleftrightarrow \alpha = \overline{\alpha}$　　（ⅱ）α が純虚数 $\Longleftrightarrow \alpha + \overline{\alpha} = 0$　$(\alpha \neq 0)$

5. 2 点間の距離

$\alpha = a + bi,\ \beta = c + di$　のとき，**2** 点 α, β 間の距離は，

$|\alpha - \beta| = \sqrt{(a-c)^2 + (b-d)^2}$

6. 複素数の積と商

$z_1 = r_1(\cos\theta_1 + i\sin\theta_1),\ z_2 = r_2(\cos\theta_2 + i\sin\theta_2)$ のとき，

(1) $z_1 \times z_2 = r_1 r_2 \{\cos(\theta_1 + \theta_2) + i\sin(\theta_1 + \theta_2)\}$

(2) $\dfrac{z_1}{z_2} = \dfrac{r_1}{r_2}\{\cos(\theta_1 - \theta_2) + i\sin(\theta_1 - \theta_2)\}$

7. ド・モアブルの定理

$(\cos\theta + i\sin\theta)^n = \cos n\theta + i\sin n\theta$　　$(n：整数)$

8. 内分点，外分点，三角形の重心の公式，および円の方程式は，ベクトルと同様である。

9. 垂直二等分線とアポロニウスの円

$|z - \alpha| = k|z - \beta|$　をみたす動点 z の軌跡は，

（ⅰ）$k = 1$ のとき，線分 $\alpha\beta$ の垂直二等分線。

（ⅱ）$k \neq 1$ のとき，アポロニウスの円。

10. 回転と相似の合成変換

$\dfrac{w - \alpha}{z - \alpha} = r(\cos\theta + i\sin\theta)$　$(z \neq \alpha)$

$\Longleftrightarrow$ 点 w は，点 z を点 α のまわりに θ だけ回転し，r 倍に拡大（または縮小）した点である。

式と曲線
（数学 C）

▶ **2 次曲線 （ 放物線・だ円・双曲線 ）**

▶ **媒介変数表示されたいろいろな曲線**

▶ **極座標とさまざまな極方程式**

講義④ 式と曲線

これから "式と曲線" の講義に入ろう。この式と曲線も受験では頻出分野の1つだから，頑張ってマスターしよう。もちろん，すべてわかるように親切に解説するからね。

この "式と曲線" は，さらに，"2次曲線"，"媒介変数表示された曲線"，"極座標と極方程式" の3つに分類できる。そして，ここではまず，最初の2次曲線について詳しく解説するつもりだ。この2次曲線では，次のテーマが重要だから，まず頭に入れておこう。

- 放物線 （焦点と準線）
- だ 円 （2つの焦点）
- 双曲線 （2つの焦点と漸近線）

エッ，放物線なんて既に知ってるって？ そうだね。でもここで扱う放物線は，数学ⅠやⅡとは違った観点から見ることになるんだ。

§1. 2次曲線の公式群を使いこなそう！

● 放物線では，焦点と準線を押さえよう！

図1のように，xy 座標平面上に点 $F(p, 0)$ と直線 $x = -p$ をとる。ここで，動点 $Q(x, y)$ が，点 F との距離と，直線 $x = -p$ との距離を等しく保ちながら動くとき，動点 Q の描く軌跡が放物線となるんだ。

点 Q から直線 $x = -p$ に下ろした垂線の足を H とおくと，

$QH = QF$ より，$|\underset{\substack{\| \\ x-(-p)}}{x+p}| = \sqrt{(x-p)^2 + y^2}$

この両辺を2乗して，

図1 放物線

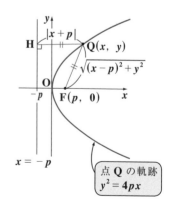

点 Q の軌跡
$y^2 = 4px$

96

$(x+p)^2 = (x-p)^2 + y^2, \quad x^2 + 2px + p^2 = x^2 - 2px + p^2 + y^2$

$\therefore \ y^2 = 4px$ と，少し変わった放物線の方程式が出てくるんだね。

そして，さっき話した定点 F を焦点と呼び，また直線 $x = -p$ を準線と呼ぶんだけれど，この放物線の方程式から，逆に焦点 $F(p, 0)$ や準線 $x = -p$ を読みとることが大事なんだよ。これから，練習していこう。

それでは，この形の放物線の方程式と焦点，準線などの公式群を次に示す。

放物線の公式

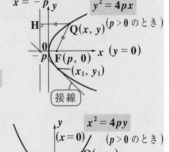

(1) $y^2 = 4px$ …① $(p \neq 0)$

　・頂点：原点 $(0, 0)$　・対称軸：$y = 0$

　・焦点 $F(p, 0)$　　　・準線：$x = -p$

　　曲線上の点 Q について，　$QH = QF$

(2) $x^2 = 4py$ …② $(p \neq 0)$

　・頂点：原点 $(0, 0)$　・対称軸：$x = 0$

　・焦点 $F(0, p)$　　　・準線：$y = -p$

　　曲線上の点 Q について，　$QH = QF$

それでは例題を 2 つやっておこう。

(1) 横向きの放物線　$y^2 = 2x$ の場合，$y^2 = 4 \cdot \boxed{\dfrac{1}{2}}^{\,p} \cdot x$ として，焦点 $\left(\boxed{\dfrac{1}{2}}^{\,p}, 0 \right)$，準線 $x = \boxed{-\dfrac{1}{2}}^{\,-p}$

(2) たて向きの放物線　$x^2 = -8y$ の場合，$x^2 = 4 \cdot (\boxed{-2}^{\,p}) y$ として，焦点 $(0, \boxed{-2}^{\,p})$，準線 $y = \boxed{2}^{\,-p}$

となるんだね。大丈夫？

また，①の放物線上の点 (x_1, y_1) における接線の方程式は $y_1 y = 2p(x + x_1)$，
②の放物線上の点 (x_1, y_1) における接線の方程式は $x_1 x = 2p(y + y_1)$ となることも覚えておこう。

● だ円には，2つの焦点がある！

だ円についても，その公式群をまとめて書いておこう。

だ円の公式

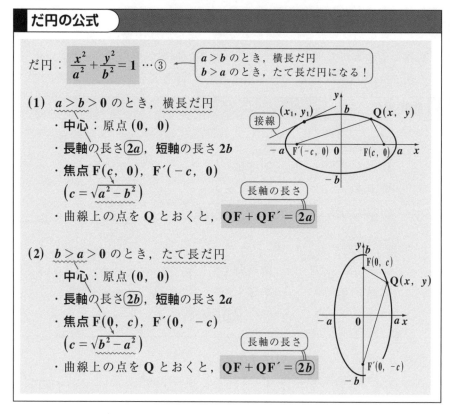

だ円：$\dfrac{x^2}{a^2} + \dfrac{y^2}{b^2} = 1$ …③ ← $a > b$ のとき，横長だ円 $b > a$ のとき，たて長だ円になる！

(1) $\underline{a > b > 0}$ のとき，横長だ円
 ・**中心**：原点 $(0, 0)$
 ・**長軸**の長さ $\boxed{2a}$，**短軸**の長さ $2b$
 ・**焦点** $F(c, 0)$，$F'(-c, 0)$
 $\left(c = \sqrt{a^2 - b^2}\right)$
 ・曲線上の点を Q とおくと，$QF + QF' = \boxed{2a}$　〔長軸の長さ〕

(2) $\underline{b > a > 0}$ のとき，たて長だ円
 ・**中心**：原点 $(0, 0)$
 ・**長軸**の長さ $\boxed{2b}$，**短軸**の長さ $2a$
 ・**焦点** $F(0, c)$，$F'(0, -c)$
 $\left(c = \sqrt{b^2 - a^2}\right)$
 ・曲線上の点を Q とおくと，$QF + QF' = \boxed{2b}$　〔長軸の長さ〕

だ円 $\dfrac{x^2}{\underset{a^2}{\boxed{9}}} + \dfrac{y^2}{\underset{b^2}{\boxed{4}}} = 1$ が与えられたら，x 軸上に ± 3 の 2 点，y 軸上に ± 2 の

2 点をとって，なめらかな曲線でこの 4 つの点を結べば，横長だ円が出来る。

また，$c = \sqrt{a^2 - b^2} = \sqrt{9 - 4} = \sqrt{5}$ より，このだ円の焦点 F，F' の座標は，$F(\sqrt{5}, 0)$，$F'(-\sqrt{5}, 0)$ となるんだ。大丈夫？

また，③のだ円周上の点 (x_1, y_1) における接線の方程式は

$\dfrac{x_1 x}{a^2} + \dfrac{y_1 y}{b^2} = 1$　となる。これも覚えてくれ。

● **双曲線では，漸近線もポイントだ！**

双曲線の公式群についてもまとめておく。

双曲線の公式

(1) $\dfrac{x^2}{a^2} - \dfrac{y^2}{b^2} = 1$ …④ $(a > 0, \ b > 0)$ 〔左右の双曲線〕

・**中心**：原点 $(0, \ 0)$

・**頂点** $(a, \ 0), \ (-a, \ 0)$

・**焦点** $\mathrm{F}(c, \ 0), \ \mathrm{F}'(-c, \ 0)$
$\left(c = \sqrt{a^2 + b^2}\right)$

・**漸近線**：$y = \pm \dfrac{b}{a}x$

・曲線上の点を Q とおくと， $\boxed{|\mathrm{QF} - \mathrm{QF}'| = 2a}$

$y = -\dfrac{b}{a}x$ 　 $y = \dfrac{b}{a}x$
$\mathrm{Q}(x, \ y)$
$\mathrm{F}'(-c, 0)$ 　 $\mathrm{F}(c, \ 0)$
(x_1, y_1)
〔接線〕

x 軸 上 に $\pm a$，y 軸上に $\pm b$ の点を とって，長方形を 作ると，その対角 線が漸近線だ！

(2) $\dfrac{x^2}{a^2} - \dfrac{y^2}{b^2} = -1$ …⑤ $(a > 0, \ b > 0)$ 〔上下の双曲線〕

・**中心**：原点 $(0, \ 0)$

・**頂点** $(0, \ b), \ (0, \ -b)$

・**焦点** $\mathrm{F}(0, \ c), \ \mathrm{F}'(0, \ -c)$
$\left(c = \sqrt{a^2 + b^2}\right)$

・**漸近線**：$y = \pm \dfrac{b}{a}x$

・曲線上の点を Q とおくと， $\boxed{|\mathrm{QF} - \mathrm{QF}'| = 2b}$

$\mathrm{Q}(x, \ y)$ 　 $\mathrm{F}(0, \ c)$
$y = -\dfrac{b}{a}x$ 　 $y = \dfrac{b}{a}x$
$\mathrm{F}'(0, \ -c)$

また，④の双曲線上の点 $(x_1, \ y_1)$ における接線の方程式は $\boxed{\dfrac{x_1 x}{a^2} - \dfrac{y_1 y}{b^2} = 1}$

⑤の双曲線上の点 $(x_1, \ y_1)$ における接線の方程式は $\boxed{\dfrac{x_1 x}{a^2} - \dfrac{y_1 y}{b^2} = -1}$

となることも頭に入れておこう。

だ円と双曲線の方程式

次の曲線の方程式を求めよ。

(1) 曲線上の点と，2 点 F$(2, 0)$，F$'(-2, 0)$ からの距離の和が 6 となる だ円。

(2) 曲線上の点と，2 点 F$(0, 5)$，F$'(0, -5)$ からの距離の差が 6 となる 双曲線。

ヒント！ (1) は焦点 F，F$'$ が x 軸上にあるから，横長のだ円だね。(2) は焦点 F，F$'$ が y 軸上にあるから，上下の双曲線となる。

解答＆解説　　　　　　　　　　　　　　　　　　ココがポイント

(1) これは，焦点 F$(2, 0)$，F$'(-2, 0)$ のだ円なの　　⇦ 焦点が x 軸上にあるの で，この方程式を $\dfrac{x^2}{a^2}+\dfrac{y^2}{b^2}=1\ (a>b>0)$ とおく。　　で，これは横長だ円にな る。

だ円上の点を Q とおくと，題意より，　　　　　　　$\dfrac{x^2}{a^2}+\dfrac{y^2}{b^2}=1\ (\underline{a>b>0})$

　　QF $+$ QF$'=\boxed{2a=6}$ 　∴ $\underline{a=3}$　　　　⇦ 公式 QF $+$ QF$'=2a$

また，$c=\boxed{\sqrt{a^2-b^2}=2}$ より，$a^2-b^2=4$　　⇦ 公式 $c=\sqrt{a^2-b^2}$ を使っ た。

　　$9-b^2=4$ 　∴ $\underline{b^2=5}$

∴ $\underline{a^2=9}$，$\underline{b^2=5}$ より，求めるだ円の方程式は，

　　$\dfrac{x^2}{9}+\dfrac{y^2}{5}=1$ ························(答)

(2) これは，焦点 F$(0, 5)$，F$'(0, -5)$ の双曲線より，　⇦ 焦点が y 軸上にあるの で，これは上下の双曲線 この方程式を $\dfrac{x^2}{a^2}-\dfrac{y^2}{b^2}=-1$ とおく。　　　　になる。

双曲線上の点を Q とおくと，題意より，　　　　　　$\dfrac{x^2}{a^2}-\dfrac{y^2}{b^2}=\underline{-1}$

　　$\left|\text{QF}-\text{QF}'\right|=\boxed{2b=6}$ 　∴ $\underline{b=3}$　　　⇦ 公式 $\left|\text{QF}-\text{QF}'\right|=2b$

また，$c=\boxed{\sqrt{a^2+b^2}=5}$ より，$a^2+b^2=25$　⇦ 公式 $c=\sqrt{a^2+b^2}$ を使っ た。

　　$a^2+9=25$ 　∴ $\underline{a^2=16}$

∴ $\underline{a^2=16}$，$\underline{b^2=9}$ より，求める双曲線の方程式は，

　　$\dfrac{x^2}{16}-\dfrac{y^2}{9}=-1$ ····················(答)

だ円の焦点，放物線の焦点と準線

演習問題 29	難易度 ★	CHECK 1	CHECK 2	CHECK 3

(1) だ円 $2x^2 + y^2 + 4x - 4y + 2 = 0$ のグラフを描き，その焦点の座標を求めよ。

(2) 放物線 $x^2 + 4x - 8y + 12 = 0$ の焦点の座標と準線の方程式を求めよ。

ヒント！ (1), (2) ともに，平行移動項の入った 2 次曲線の問題だね。コツは，平行移動していない元の曲線の焦点や準線をまず先に求めて，それを平行移動すればいいんだよ。落ち着いて計算しよう。

解答 & 解説

ココがポイント

(1) 与式を変形して，

$$2(\underbrace{x^2 + 2x + 1}_{\text{2で割って2乗}}) + (\underbrace{y^2 - 4y + 4}_{\text{2で割って2乗}}) = -2 + 6$$

$$2(x+1)^2 + (y-2)^2 = 4, \quad \frac{(x+1)^2}{\underset{a^2}{\boxed{2}}} + \frac{(y-2)^2}{\underset{b^2}{\boxed{4}}} = 1 \cdots ① \quad \boxed{\text{たて長だ円}}$$

①は，$\dfrac{x^2}{\underset{a^2}{\boxed{2}}} + \dfrac{y^2}{\underset{b^2}{\boxed{4}}} = 1 \cdots ②$ を $(-1, 2)$ だけ平行移動

したもの。よって①のグラフを右に示す。また，

②の焦点を $F_0(0, \pm\overset{\sqrt{b^2-a^2}}{\boxed{\sqrt{2}}})$ とおくと，これを $(-1, 2)$

だけ平行移動したものが，①の焦点 F である。

$\therefore \; F(-1, 2\pm\sqrt{2})$ ....(答)

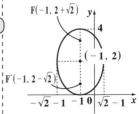

F$(-1, 2+\sqrt{2})$

$(-1, 2)$

F′$(-1, 2-\sqrt{2})$

(2) 与式を変形して，

$$x^2 + 4x + 4 = 8y - 8, \quad (x+2)^2 = 8(y-1) \cdots ③$$

③は，放物線 $x^2 = 8y \cdots ④$ を $(-2, 1)$ だけ平行

移動したもの。④を $x^2 = 4\cdot\overset{p}{\boxed{2}}\cdot y$ とみると，④

の焦点 F_0 と準線 l_0 は，$F_0(0, \overset{p}{\boxed{2}})$, $l_0 : y = \overset{-p}{\boxed{-2}}$

となる。これを $(-2, 1)$ だけ平行移動したもの

が，求める③の放物線の焦点 F と準線 l である。

$\therefore$ 焦点 $F(-2, 3)$，準線 $l : y = -1$ ....(答)

$\Leftarrow l_0 : y = -2$ を x 軸方向に -2 移動しても変化はない。y 軸方向に 1 移動するから $l : y = -1$ となった！

だ円と直線が2点で交わる条件

だ円 $\dfrac{x^2}{4} + y^2 = 1$ ……① と，直線 $y = x + a$ ……② が異なる2点 P，Q で交わるとき，実数 a のとり得る値の範囲を求めよ。また，線分 PQ の長さが $\sqrt{2}$ となるときの a の値を求めよ。　　　　　(名古屋大＊)

ヒント！　2次曲線と直線が異なる2点で交わるための条件は，2式から y を消去した x の2次方程式が異なる2実数解をもつことなんだね。線分の長さでは，解と係数の関係も利用する。

解答 & 解説

だ円 $E : \dfrac{x^2}{4} + y^2 = 1$ ……①，直線 $l : y = x + a$ ……②
とおく。①，②より y を消去して，

$$x^2 + 4(x + a)^2 = 4, \quad \underset{\underset{5}{a}}{5}x^2 + \underset{\underset{2b'}{b = 2b'}}{(8a)}x + \underset{\underset{c}{}}{(4a^2 - 4)} = 0 \ \cdots\cdots③$$

①，②が異なる2点 P，Q で交わるとき，x の2次
方程式③は相異なる2実数解をもつので，

判別式 $\dfrac{D}{4} = \underset{\underset{b'^2 - ac}{}}{(4a)^2 - 5(4a^2 - 4)} > 0$

$(a + \sqrt{5})(a - \sqrt{5}) < 0$　　$\therefore -\sqrt{5} < a < \sqrt{5}$ ………(答)

2交点 P，Q の x 座標をそれぞれ α，β $(\alpha < \beta)$ とおくと，③に解と係数の関係を用いて，

基本対称式

$$\underset{\underset{-\frac{b}{a}}{}}{\alpha + \beta = -\dfrac{8}{5}a} \cdots\cdots④, \quad \underset{\underset{}{}}{\alpha\beta = \overset{\frac{c}{a}}{\dfrac{4}{5}(a^2 - 1)}} \cdots\cdots⑤$$

図1の線分 PQ を上方に平行移動したイメージを
図2に示す。直線 l の傾きが1から，PQ $= \sqrt{2}$ となるとき，$\beta - \alpha = 1$ ……⑥ となる。⑥の両辺を2乗
して，

対称式

$$\underset{\underset{(\alpha - \beta)^2 = (\alpha + \beta)^2 - 4\alpha\beta}{}}{(\beta - \alpha)^2 = 1} \quad \underset{\underset{-\frac{8}{5}a}{}}{(\alpha + \beta)^2} - \underset{\underset{\frac{4}{5}(a^2-1)}{}}{4\alpha\beta} = 1 \quad ④，⑤を$$

代入して，$16a^2 = 55$　　$\therefore a = \pm\dfrac{\sqrt{55}}{4}$ ……………(答)

ココがポイント

図1

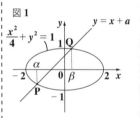

$\Leftarrow 4a^2 - 5(a^2 - 1) > 0$
$\quad -a^2 + 5 > 0$
$\quad \therefore a^2 - 5 < 0$ だね。

図2

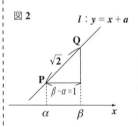

$\Leftarrow \dfrac{64}{25}a^2 - \dfrac{16}{5}(a^2 - 1) = 1$
$64a^2 - 80(a^2 - 1) = 25$
$\quad -16a^2 + 80 = 25$
$\quad \therefore 16a^2 = 55$ となる。

だ円に引いた直交する 2 接線の交点が描く軌跡

演習問題 31 　難易度 ★★★ 　CHECK1 　CHECK2 　CHECK3

だ円 $E : 2x^2 + y^2 = 1$ ……① がある。

(1) E の外側の点 $P(X, Y)$ を通り，傾き m の直線が E に接するとき，m, X, Y のみたす関係式を求めよ。

(2) E の外側の点 P を通る E の 2 本の接線が互いに直交するような点 P の軌跡の方程式を求めよ。 　　　　(姫路工大*)

ヒント！ (1) 条件は，点 P を通る傾き m の直線の方程式と①から y を消去してできる x の 2 次方程式が重解をもつことだね。(2) では，解と係数の関係を使う。

解答&解説

(1) だ円 $E : 2x^2 + y^2 = 1$ ……①

点 $P(X, Y)$ を通る傾き m の直線の方程式は，

$y = m(x - X) + Y$ 　∴ $y = mx - (mX - Y)$ ……②

①，②より y を消去して，まとめると，

$2x^2 + \{mx - (mX - Y)\}^2 = 1$

$\underset{a}{(m^2 + 2)}x^2 \underset{2b'}{- 2m(mX - Y)}x + \underset{c}{((mX - Y)^2 - 1)} = 0$ …③

①，②が接するとき，③は重解をもつ。

$\dfrac{D}{4} = \underset{b'^2}{(m^2(mX - Y)^2)} - \underset{ac}{(m^2 + 2)\{(mX - Y)^2 - 1\}} = 0$

$m^2 - 2(mX - Y)^2 + 2 = 0$ 　（m の 2 次方程式とみる！）

∴ $\underset{a}{(1 - 2X^2)}m^2 + \underset{b}{4XY}m + \underset{c}{(2 - 2Y^2)} = 0$ …④…(答)

(2) 点 P を通る 2 接線の傾き m_1, m_2 は，④の解より，

解と係数の関係から，$m_1 \cdot m_2 = \dfrac{2 - 2Y^2}{1 - 2X^2} \overset{\frac{c}{a}}{}$ ……⑤

また，2 接線が直交するとき，$m_1 \cdot m_2 = -1$ …⑥

⑤，⑥より，$\dfrac{2 - 2Y^2}{1 - 2X^2} = -1$ 　∴ $X^2 + Y^2 = \dfrac{3}{2}$

∴点 P の軌跡の方程式は，$x^2 + y^2 = \dfrac{3}{2}$ ………(答)

図形的に考えて，$X = \pm \dfrac{1}{\sqrt{2}}$ のときを除く必要はない！
点 P は，きれいな円を描くことがわかるはずだ。

ココがポイント

⇦ だ円：$\dfrac{x^2}{\left(\frac{1}{\sqrt{2}}\right)^2} + \dfrac{y^2}{1^2} = 1$

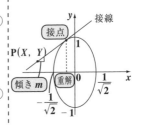

⇦ ⊕, ⊖ で $m^2(mX - Y)^2$ は打ち消される。

⇦ 求める m, X, Y の関係式

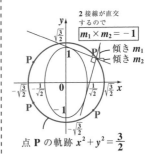

2 接線が直交するので $\boxed{m_1 \times m_2 = -1}$

点 P の軌跡 $x^2 + y^2 = \dfrac{3}{2}$

§2. 媒介変数表示された曲線の性質を押さえよう！

それでは，2 次曲線から離れて，これから媒介変数表示された曲線の解説に入ろう。まず，簡単なところで，円とだ円の媒介変数表示をマスターすることだ。さらに，**サイクロイド曲線**，**らせん**，それに**アステロイド曲線**などについても勉強しよう。この媒介変数表示された曲線は，微分・積分の応用として出題されることが多いので，ここで沢山の問題を解きながら，これらの曲線に慣れていってくれ！

● **円とだ円の媒介変数表示は，$\cos^2\theta + \sin^2\theta = 1$ がポイントだ！**

円とだ円を媒介変数 θ で表す公式を書いておくから，頭に入れよう。

円とだ円の媒介変数表示

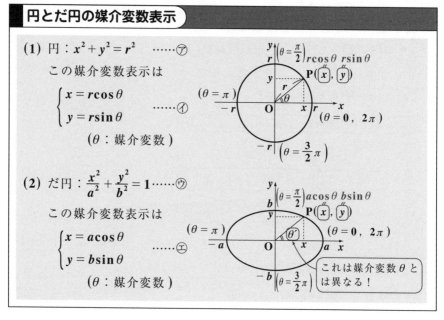

(1) 円：$x^2 + y^2 = r^2$ ……⑦

この媒介変数表示は

$$\begin{cases} x = r\cos\theta \\ y = r\sin\theta \end{cases} \quad \text{……④}$$

（θ：媒介変数）

(2) だ円：$\dfrac{x^2}{a^2} + \dfrac{y^2}{b^2} = 1$ ……⑦

この媒介変数表示は

$$\begin{cases} x = a\cos\theta \\ y = b\sin\theta \end{cases} \quad \text{……エ}$$

（θ：媒介変数）

これは媒介変数 θ とは異なる！

(1) の円を媒介変数表示した式④を，元の⑦に代入してごらん。すると，$(r\cos\theta)^2 + (r\sin\theta)^2 = r^2$，$r^2\cos^2\theta + r^2\sin^2\theta = r^2$　この両辺を r^2 で割って，有名な公式：$\cos^2\theta + \sin^2\theta = 1$ が出てくるね。

---

(2) のだ円の場合も同様に，㊀を㋒に代入すると，

$$\frac{(a\cos\theta)^2}{a^2}+\frac{(b\sin\theta)^2}{b^2}=1,\quad \frac{a^2\cos^2\theta}{a^2}+\frac{b^2\sin^2\theta}{b^2}=1\quad \therefore \cos^2\theta+\sin^2\theta=1$$

がやっぱり出てくるだろう。つまり，円とだ円の場合，この公式：
$\cos^2\theta+\sin^2\theta=1$ に帰着するように，媒介変数表示すればいいんだね。

したがって，次のような平行移動項を含むだ円の方程式だって，楽に媒介変数表示できるはずだ。

（例）$\dfrac{(x-2)^2}{9_{\ ③^2}}+\dfrac{(y\pm3)^2}{4_{\ ②^2}}=1$ のとき，これを媒介変数表示すると，

$x=③\cos\theta+2,\ y=②\sin\theta-3$ となる。実際に，これらを元のだ円の式

に代入すると，$\dfrac{(3\cos\theta+2-2)^2}{9}+\dfrac{(2\sin\theta-3+3)^2}{4}=1,\quad \dfrac{9\cos^2\theta}{9}+\dfrac{4\sin^2\theta}{4}=1$

より，$\cos^2\theta+\sin^2\theta=1$ の公式が出てくるからね。

次に，**双曲線**の媒介変数 θ による表示法も示そう。

双曲線の媒介変数表示

双曲線：$\dfrac{x^2}{a^2}-\dfrac{y^2}{b^2}=1$ ……① を媒介変数 θ で表すと，

$$\begin{cases} x=\dfrac{a}{\cos\theta} & \cdots\cdots② \\ y=b\tan\theta \end{cases} \quad \left(\theta\neq\pm\dfrac{\pi}{2}+2n\pi\right)\quad \text{となる。}$$

実際に，②を①に代入すると，$\dfrac{1}{a^2}\cdot\left(\dfrac{a}{\cos\theta}\right)^2-\dfrac{1}{b^2}(b\tan\theta)^2=1$ となり，

$\dfrac{1}{a^2}\cdot\dfrac{a^2}{\cos^2\theta}-\dfrac{1}{b^2}b^2\tan^2\theta=1$ より，三角関数の公式

$1+\tan^2\theta=\dfrac{1}{\cos^2\theta}$ が出てくるんだね。

したがって，双曲線 $\dfrac{x^2}{a^2}-\dfrac{y^2}{b^2}=-1$ ……③ は

$$\begin{cases} x=a\tan\theta \\ y=\dfrac{b}{\cos\theta} \end{cases} \quad \text{と表される}$$

◀── $\dfrac{x^2}{a^2}-\dfrac{y^2}{b^2}=-1\cdots③$に，$x=a\tan\theta,\ y=\dfrac{b}{\cos\theta}$ を代入すると，$1+\tan^2\theta=\dfrac{1}{\cos^2\theta}$ が出てくるからだ。

のも大丈夫だね。

● サイクロイド曲線の媒介変数表示を導こう！

半径 a，中心角 θ（ラジアン）の**扇形の面積** S
と**円弧の長さ** l は，

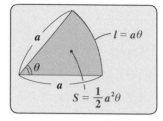

$$\begin{cases} 面積\ S = \dfrac{1}{2}a^2\theta \quad \leftarrow \boxed{S = \pi a^2 \times \dfrac{\theta}{2\pi}} \\ 円弧長\ l = a\theta \quad \leftarrow \boxed{l = 2\pi a \times \dfrac{\theta}{2\pi}} \end{cases}$$

となるのは，大丈夫だね。

それでは，**サイクロイド曲線**の公式を下に示そう。サイクロイド曲線は，
媒介変数 θ を使って，次の公式で表される。

サイクロイド曲線

$$\begin{cases} x = a(\theta - \sin\theta) \\ y = a(1 - \cos\theta) \end{cases} \quad (\theta：媒介変数，\underline{a}：正の定数)$$

（ $\overbrace{}$ 円の半径 ）

図 1 に示すように，はじ
め x 軸と原点で接する半径
a の円 C がある。この円 C
上の原点の位置に点 P を
とる。

図 1 のように，円 C をす
べらずに（キュッとスリッ
プさせることなく）x 軸と
接するように回転させたと

図1 サイクロイド曲線の概形

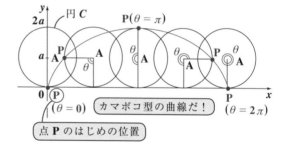

き，点 P の描く曲線がサイクロイド曲線なんだ。ここで，θ は円 C の回転
角を表し，図 1 では，$0 \leqq \theta \leqq 2\pi$ のときの曲線の概形を赤の曲線で示した。

それでは，この曲線を表す方程式について説明しよう。

円 C が θ だけ回転したときの様子を図 2 に示す。ここで，大事なのは，円がスリップすることなくゆっくり回転していくので，回転後の円 C と x 軸との接点を Q とおくと，接触した線分 OQ の長さと，円弧 $\overset{\frown}{PQ}$ の長さ $a\theta$ とが等しくなるんだね。

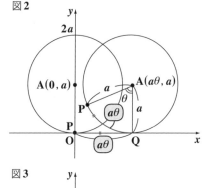

図2

したがって，θ 回転した後の円 C の中心 A の座標は，$A(a\theta, a)$ となる。

図 3 のように，P から線分 AQ に下ろした垂線の足を H とおき，直角三角形 APH で考えると，

$$PH = a\sin\theta, \quad AH = a\cos\theta$$

よって，動点 $P(x, y)$ の x 座標，y 座標は，

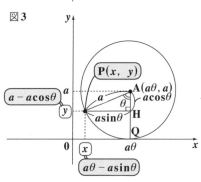

図3

$$\begin{cases} x = a\theta - a\sin\theta = a(\theta - \sin\theta) \\ y = a - a\cos\theta = a(1 - \cos\theta) \end{cases}$$

となって，公式が導けるんだね！

これからも，円の回転の問題が出てくるけれど，円が "すべらずに" 回転するという言葉が出てきたら，接触した円弧の長さと等しい長さの線分（または曲線）に着目するといいんだ。

● 円のまわりを円が回る！

まず，原点中心，半径 r の円周上の点 P の座標 (x, y) は，角 θ を媒介変数として，

次式で表される。$\begin{cases} x = r\cos\theta \\ y = r\sin\theta \end{cases}$ （θ：媒介変数）

この円の媒介変数表示は，これからの解説でも使う！

となることは，$P104$ で既に解説したね。

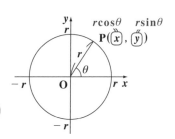

それでは，これから，円のまわりを円が回転する問題を解説しよう。

座標平面上に，原点 O を中心とする半径 2 の固定された円 C と，それに外接しながら，回転する半径 1 の円 C' がある。はじめ円 C' の中心 A が $(3, 0)$ にあるときの C' 側の接点に印 P をつけ，円 C' を円 C に接しながらすべらずに反時計まわりに回転させる。(図 4)

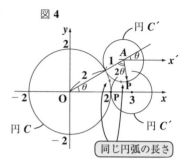

図4

同じ円弧の長さ

ここで，$\angle AOx = \theta$ とおいて，動点 P の座標を θ で表してみよう。

$\overrightarrow{OP} = (x, y)$ とおくと，まわり道の原理より，$\overrightarrow{OP} = \overrightarrow{OA} + \overrightarrow{AP}$ ……① と表せるね。

図5

(i) 円 C' の中心 A に着目すると，円 C' の回転とは無関係に，半径 3 の円周上を θ だけ回転した位置にあるから，

$$\overrightarrow{OA} = (3\cos\theta, \ 3\sin\theta) \ \text{……②}$$

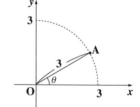

(ii) $\overrightarrow{AP}$ の成分は，中心 A を原点とみたときの点 P の座標のことだから，図 6 のように A から x 軸に平行な x' 軸を引き，A を原点とみなす。円 C' は円 C に対してすべらずに回転するので，円 C' と円 C の接触した部分の円弧の長さは等しい。

ところが，円 C' の半径は円 C の半分なので，同じ円弧の長さを回転するには，回転角は 2 倍の 2θ となる。また図 6 のように同位角も考慮に入れると，点 P は，A を原点とみたとき，半径 1 の円周上を x' 軸の正の向きから $3\theta + \pi$ だけ回

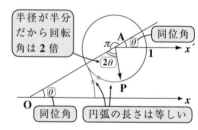

半径が半分だから回転角は 2 倍

同位角

同位角

円弧の長さは等しい

図7　動点 P の描く曲線

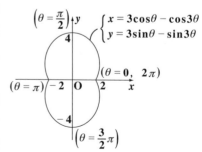

$$\left(\theta = \frac{\pi}{2}\right) \quad \begin{cases} x = 3\cos\theta - \cos3\theta \\ y = 3\sin\theta - \sin3\theta \end{cases}$$

$(\theta = 0, \ 2\pi)$

$(\theta = \pi)$

$\left(\theta = \dfrac{3}{2}\pi\right)$

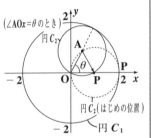

転した位置に来るのがわかる。以上より，$\overrightarrow{\mathrm{AP}}$ は，

$$\overrightarrow{\mathrm{AP}} = (\underbrace{1 \cdot \cos(3\theta + \pi)}_{-\cos 3\theta}, \ \underbrace{1 \cdot \sin(3\theta + \pi)}_{-\sin 3\theta}) = (-\cos 3\theta, \ -\sin 3\theta) \ \cdots\cdots\text{③}$$

②，③を①に代入すると，

$$\overrightarrow{\mathrm{OP}} = (x, y) = \overrightarrow{\mathrm{OA}} + \overrightarrow{\mathrm{AP}} = (3\cos\theta, \ 3\sin\theta) + (-\cos 3\theta, \ -\sin 3\theta)$$

$$\begin{cases} x = 3\cos\theta - \cos 3\theta \\ y = 3\sin\theta - \sin 3\theta \end{cases} \quad (\theta : \text{媒介変数}) \quad \text{となる。大丈夫だった？}$$

この点 P の描く曲線の概形を図 7 に示す。

◆例題 16◆

原点 O を中心とする半径 2 の円を C_1 とする。半径 1 の円 C_2 は最初，中心 A が $(1, 0)$ にあり，円 C_1 に内接しながらすべることなく右図のように回転しつつ移動する。点 P は円 C_2 の周上の点で，はじめは $(2, 0)$ にあった。$\angle \mathrm{AO}x = \theta$ $(0 \leqq \theta \leqq 2\pi)$ とおくとき，動点 P の座標を θ を用いて表せ。

解答

$\overrightarrow{\mathrm{OP}} = (x, y)$ とおくと，まわり道の原理より，

$$\overrightarrow{\mathrm{OP}} = \overrightarrow{\mathrm{OA}} + \overrightarrow{\mathrm{AP}} \ \cdots\cdots\text{⑦}$$

(i) 円 C_2 の中心 A は，円 C_2 の回転とは無関係に，半径 1 の円周上を θ だけ回転した位置にあるので，

$$\overrightarrow{\mathrm{OA}} = (1 \cdot \cos\theta, \ 1 \cdot \sin\theta)$$
$$= (\cos\theta, \ \sin\theta) \ \cdots\cdots\text{④}$$

図 I $\overrightarrow{\mathrm{OA}}$ について

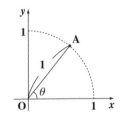

(ii) $\overrightarrow{\mathrm{AP}}$ について，考えよう。円 C_2 は円 C_1 に対してすべらずに回転するので，円 C_2 と円 C_1 の接触した円弧の長さは等しい。よって，C_1 と C_2 の接点を T とおくと，$\angle \mathrm{TAP} = 2\theta$ となる。(図 II 参照)

図 II $\overrightarrow{\mathrm{AP}}$ について

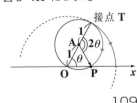

109

図Ⅲ $\overrightarrow{\text{AP}}$ について

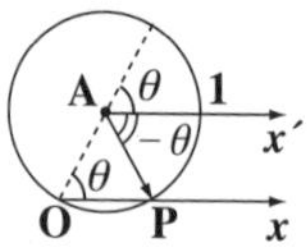

$\because$ 円 C_1 の半径 **2** に対して，円 C_2 の半径は **1** より，同じ接触部の円弧の長さになるためには，$\angle$**TAP** は，$\angle$**AOx** $= \theta$ の **2** 倍になる。

そして，$\overrightarrow{\text{AP}}$ の成分は点 **A** を原点とみたときの点 **P** の座標なので，図Ⅲのように **A** から x 軸と平行な x' 軸を引き，**A** を原点とみなすと，点 **P** は **A** を原点とする半径 **1** の円周上を $-\theta$ だけ回転した位置にくる。

$$\therefore \overrightarrow{\text{AP}} = (1 \cdot \cos(-\theta),\ 1 \cdot \sin(-\theta)) = (\underbrace{\cos\theta}_{\boxed{\cos\theta}},\ \underbrace{-\sin\theta}_{\boxed{-\sin\theta}}) \cdots\cdots ⑰$$

以上①，⑰を⑦に代入して，

$$\overrightarrow{\text{OP}} = (\underline{\cos\theta,\ \sin\theta}) + (\underline{\cos\theta,\ -\sin\theta}) = (2\cos\theta,\ 0)$$

$\therefore$ **P** の座標は，**P**$(2\cos\theta, 0)$ $(0 \leqq \theta \leqq 2\pi)$

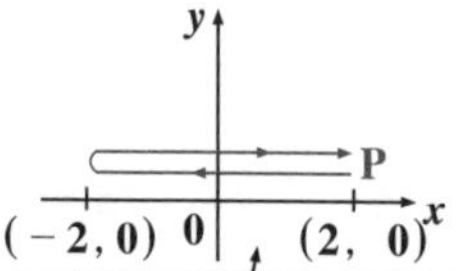

となる。$\cdots\cdots\cdots\cdots\cdots\cdots\cdots\cdots$(答)

図Ⅳ 点 **P** の軌跡

点 **P** は，$(2, 0)$，$(-2, 0)$ の間を直線的に **1** 往復するだけだね！

● アステロイド曲線とらせんも押さえよう！

まず，**アステロイド曲線**の媒介変数表示と，その概形を下に示そう。

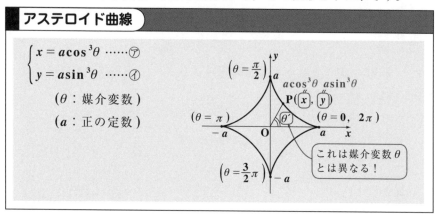

アステロイド曲線

$$\begin{cases} x = a\cos^3\theta \cdots\cdots ⑦ \\ y = a\sin^3\theta \cdots\cdots ① \end{cases}$$

（θ：媒介変数）

（a：正の定数）

$\left(\theta = \dfrac{\pi}{2}\right)$ ， $(\theta = \pi)$ ， $(\theta = 0, 2\pi)$ ， $\left(\theta = \dfrac{3}{2}\pi\right)$

P$(\underbrace{x}_{a\cos^3\theta}, \underbrace{y}_{a\sin^3\theta})$

これは媒介変数 θ とは異なる！

アステロイド曲線は，"お星様がキラリと光った"ようなキレイな形の曲線で，面積・体積計算など，受験ではよく問われる曲線の **1** つなんだ。この公式は，演習問題 **34(P116)** で導くことにしよう。

ここで，この媒介変数を消去するのは比較的簡単だから，やってみよう。

⑦，①の両辺を $\dfrac{2}{3}$ 乗して，

110

$$\begin{cases} x^{\frac{2}{3}} = (a\cos^3\theta)^{\frac{2}{3}} = a^{\frac{2}{3}}\cos^2\theta & \cdots\cdots \text{⑦}' \\ y^{\frac{2}{3}} = (a\sin^3\theta)^{\frac{2}{3}} = a^{\frac{2}{3}}\sin^2\theta & \cdots\cdots \text{①}' \end{cases}$$ となる。ここで，⑦'＋①'より

$$x^{\frac{2}{3}} + y^{\frac{2}{3}} = a^{\frac{2}{3}}(\underbrace{\cos^2\theta + \sin^2\theta}_{1}) = a^{\frac{2}{3}}$$

よって，$x^{\frac{2}{3}} + y^{\frac{2}{3}} = a^{\frac{2}{3}}$ も，アステロイド曲線なんだね。わかった？

次，**らせん**について，その公式を下に示そう。

らせん

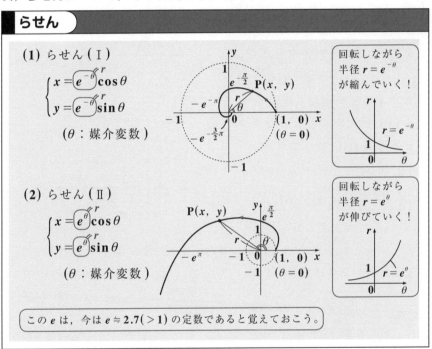

(1) らせん（Ⅰ）

$$\begin{cases} x = e^{-\theta}\cos\theta \\ y = e^{-\theta}\sin\theta \end{cases}$$

（θ：媒介変数）

回転しながら半径 $r = e^{-\theta}$ が縮んでいく！

(2) らせん（Ⅱ）

$$\begin{cases} x = e^{\theta}\cos\theta \\ y = e^{\theta}\sin\theta \end{cases}$$

（θ：媒介変数）

回転しながら半径 $r = e^{\theta}$ が伸びていく！

この e は，今は $e \fallingdotseq 2.7 (>1)$ の定数であると覚えておこう。

　このらせんには，**2 種類**あることに気を付けよう。らせんは，円の媒介変数表示の変形ヴァージョンだと思えばいい。r の部分に $e^{-\theta}$ や e^{θ} が入っているだけだからね。e は，**1** より大きい約 **2.7** の定数のことだよ。

　(1) で，半径 $r = e^{-\theta}$ とおくと，θ が大きくなると半径 r が縮む。つまり，回転しながら半径が縮んでいくらせんなんだね。これに対して，**(2)** では，半径 $r = e^{\theta}$ とおくと，r は θ の増加関数だから，回転しながらその半径 (原点からの距離) がどんどん大きくなっていくらせんなんだね。

● リサージュ曲線に挑戦しよう！

媒介変数 θ を用いて，

$$\begin{cases} x = \cos a\theta \\ y = \sin b\theta \end{cases} \quad (a > 0,\ b > 0)\ で表される曲線を\textbf{リサージュ曲線}という。こ$$

こでは，$a = 1$，$b = 2$ のときのリサージュ曲線の描き方を教えよう。

$$\begin{cases} x = \cos\theta & \cdots\cdots① \\ y = \sin 2\theta & \cdots\cdots② \end{cases} \quad (0 \leqq \theta \leqq 2\pi)$$

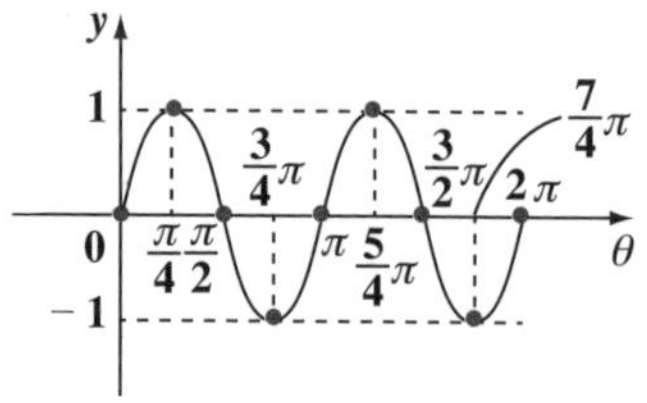

図8，図9に，まず①と②のグラ
フを描き，x や y の 始点と 終点，
$\boxed{\theta = 0}$ $\boxed{\theta = 2\pi}$

および x と y が極値 (極大値や
極小値) をとる点および x と y
が 0 となる点をすべて調べる。
(図8, 図9では，順に，$\theta = 0,\ \dfrac{\pi}{4}$，
$\dfrac{\pi}{2}, \dfrac{3}{4}\pi, \cdots, 2\pi$ に対応する点で，
図中 " $\bullet$ " で示した。)

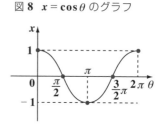

図8 $x = \cos\theta$ のグラフ

図9 $y = \sin 2\theta$ のグラフ

そして，これら θ を小さい順に並べ，それぞれに対応する点 $(x,\ y)$ を
示すと，次のようになる。

$\boxed{\theta = 0}$
$$\underline{(1,\ 0)} \xrightarrow{①} \left(\dfrac{1}{\sqrt{2}},\ 1\right) \xrightarrow{②} \underline{(0,\ 0)} \xrightarrow{③} \left(-\dfrac{1}{\sqrt{2}},\ -1\right) \xrightarrow{④} \underline{(-1,\ 0)}$$

$\boxed{\theta = \dfrac{\pi}{4}}$ $\boxed{\theta = \dfrac{\pi}{2}}$ $\boxed{\theta = \dfrac{3}{4}\pi}$ $\boxed{\theta = \pi}$

$\boxed{(\cos 0,\ \sin 0)}$ $\boxed{\left(\cos\dfrac{\pi}{4},\ \sin\dfrac{\pi}{2}\right)}$ $\boxed{\left(\cos\dfrac{\pi}{2},\ \sin\pi\right)}$ $\boxed{\left(\cos\dfrac{3}{4}\pi,\ \sin\dfrac{3}{2}\pi\right)}$ $\boxed{(\cos\pi,\ \sin 2\pi)}$

$$\xrightarrow{⑤} \left(-\dfrac{1}{\sqrt{2}},\ 1\right) \xrightarrow{⑥} \underline{(0,\ 0)} \xrightarrow{⑦} \left(\dfrac{1}{\sqrt{2}},\ -1\right) \xrightarrow{⑧} \underline{(1,\ 0)}$$

$\boxed{\theta = \dfrac{5}{4}\pi}$ $\boxed{\theta = \dfrac{3}{2}\pi}$ $\boxed{\theta = \dfrac{7}{4}\pi}$ $\boxed{\theta = 2\pi}$

$\boxed{\left(\cos\dfrac{5}{4}\pi,\ \sin\dfrac{5}{2}\pi\right)}$ $\boxed{\left(\cos\dfrac{3}{2}\pi,\ \sin 3\pi\right)}$ $\boxed{\left(\cos\dfrac{7}{4}\pi,\ \sin\dfrac{7}{2}\pi\right)}$ $\boxed{(\cos 2\pi,\ \sin 4\pi)}$

そして，図10(ⅰ)のように順に点線でこれらの点を結ぶことによって，このリサージュ曲線の全体像が浮かび上がってくる。後は，図10(ⅱ)に示すように，滑らかな線で結べば，美しい蝶のようなリサージュ曲線が完成するんだね。少し手間はかかるけれど，この手順で曲線が描けるんだね。面白かった？

ここで，もう少し上手いやり方も紹介しておこう。②を変形して，

$$y = 2\sin\theta\cos\theta \quad \cdots\cdots ②´$$

$$\boxed{\text{2倍角の公式：} \sin 2\theta = 2\sin\theta\cos\theta}$$

②´の両辺を2乗して，①を代入すると，

$$y^2 = 4\sin^2\theta \cdot \cos^2\theta = 4\underbrace{(1 - \cos^2\theta)}_{x^2(\text{①より})} \cdot \underbrace{\cos^2\theta}_{x^2}$$

より，このリサージュ曲線は，$y^2 = 4(1 - x^2)\cdot x^2 \quad \cdots\cdots ③$ と表される。
ここで，

(ⅰ) ③の x に $-x$ を代入しても式は変化しないので，③は y 軸に関して対称なグラフである。また，

(ⅱ) ③の y に $-y$ を代入しても変化しないので，③は x 軸に関して対称なグラフである。

よって，図11のように，主に第1象限

の曲線：$\underset{\boxed{\theta=0}}{(1,\ 0)} \xrightarrow{①} \underset{\boxed{\theta=\frac{\pi}{4}}}{\left(\frac{1}{\sqrt{2}},\ 1\right)} \xrightarrow{②} \underset{\boxed{\theta=\frac{\pi}{2}}}{(0,\ 0)}$

のみを調べて，これを y 軸と x 軸に対称に展開して描くことにより，リサージュ曲線を求めてもいいんだね。これも面白かっただろう？

図10 リサージュ曲線

(ⅰ)

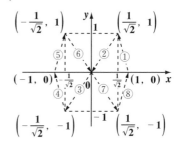

(ⅱ)

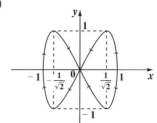

図11 リサージュ曲線(対称性の利用)

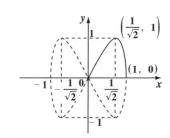

113

だ円の接線の方程式

曲線 $\dfrac{x^2}{4} + y^2 = 1$ ……① $(x > 0, y > 0)$ 上の動点 P における接線と，x 軸，y 軸との交点をそれぞれ Q，R とする。このとき，線分 QR の長さの最小値を求めよ。　　　　　　　　　　　　　　　　　　　　（信州大＊）

ヒント！　①のだ円周上の点 P の座標は，$P(2\cos\theta, \sin\theta)$ と表され，点 P における接線の方程式は，$\dfrac{2\cos\theta}{4}\cdot x + \sin\theta\cdot y = 1$ となるんだね。

解答＆解説

①の周上の点 P の座標は，$P(2\cos\theta, \sin\theta)$ $\left(0 < \theta < \dfrac{\pi}{2}\right)$ とおける。次に，この点 P における接線の方程式は，

$$\dfrac{\cos\theta}{2}\cdot x + \sin\theta\cdot y = 1 \quad\cdots\cdots②$$ と表されるので，

$$\begin{cases} \cdot\ y = 0\ \text{のとき，②より，}\ x = \dfrac{2}{\cos\theta} \\ \cdot\ x = 0\ \text{のとき，②より，}\ y = \dfrac{1}{\sin\theta} \end{cases}$$

よって，点 $Q\left(\dfrac{2}{\cos\theta}, 0\right)$，点 $R\left(0, \dfrac{1}{\sin\theta}\right)$ となる。

これから，線分 QR の長さの 2 乗は，

$$QR^2 = \left(\dfrac{2}{\cos\theta} - 0\right)^2 + \left(0 - \dfrac{1}{\sin\theta}\right)^2$$

$$= 4\cdot\dfrac{1}{\cos^2\theta} + \dfrac{1}{\sin^2\theta}$$

$$= 4(1 + \tan^2\theta) + \dfrac{1}{\tan^2\theta} + 1$$

$$= 4\tan^2\theta + \dfrac{1}{\tan^2\theta} + 5$$

$$\geq 2\sqrt{4\tan^2\theta\cdot\dfrac{1}{\tan^2\theta}} + 5 = 9$$

> $\cos^2\theta + \sin^2\theta = 1$ の両辺を
> ・$\cos^2\theta$ で割ると，
> $$1 + \tan^2\theta = \dfrac{1}{\cos^2\theta}$$
> ・$\sin^2\theta$ で割ると，
> $$\dfrac{1}{\tan^2\theta} + 1 = \dfrac{1}{\sin^2\theta}$$

∴ QR の長さの最小値は 3 である。　　………（答）

ココがポイント

⇦ だ円：$\dfrac{x^2}{a^2} + \dfrac{y^2}{b^2} = 1$ 上の点は $(a\cos\theta, b\sin\theta)$ とおける。

⇦ だ円：$\dfrac{x^2}{a^2} + \dfrac{y^2}{b^2} = 1$ 上の点 (x_1, y_1) における接線の方程式は，次のようになる。

$$\dfrac{x_1}{a^2}x + \dfrac{y_1}{b^2}y = 1$$

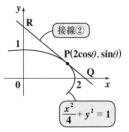

$\dfrac{x^2}{4} + y^2 = 1$

⇦ 等号成立条件：
$4\tan^2\theta = \dfrac{1}{\tan^2\theta}$ より，
$\tan^4\theta = \dfrac{1}{4}$
$\tan\theta = \dfrac{1}{\sqrt{2}}$ から，Q, R の座標も求まる。

媒介変数表示された曲線

演習問題 33　　難易度 ★　　CHECK 1　　CHECK 2　　CHECK 3

実数 t を媒介変数として，$x = \dfrac{1-t^2}{1+t^2}$ ……① ，$y = \dfrac{4t}{1+t^2}$ ……② で表される点 (x, y) がみたす曲線の方程式を x, y で表せ。ただし，$(x, y) \neq (-1, 0)$ とする。

(関西大)

ヒント! ①より，$t^2 = (x\text{ の式})$…③ として，これを②に代入し，$t = (x\text{ と }y\text{ の式})$ …④ にして，この④を③に代入すれば，t を消去できて，x と y の関係式が求まる。

解答&解説

$x = \dfrac{1-t^2}{1+t^2}$ …①，$y = \dfrac{4t}{1+t^2}$ …②，$(x, y) \neq (-1, 0)$

①を変形して，$\overbrace{(1+t^2)}x = 1-t^2$　$(1+x)t^2 = 1-x$

$t^2 = \dfrac{1-x}{1+x}$ …③　$(x \neq -1)$

②より，$t = \dfrac{y}{4}(1+t^2)$ …②′　③を②′に代入して，

$t = \dfrac{y}{4}\left(1 + \dfrac{1-x}{1+x}\right) = \dfrac{y}{4} \cdot \dfrac{2}{1+x} = \dfrac{y}{2(1+x)}$ …④

④を③に代入して，

$\dfrac{y^2}{4(1+x)^2} = \dfrac{1-x}{1+x}$　　$\dfrac{y^2}{4} = 1 - x^2$

$\therefore x^2 + \dfrac{y^2}{4} = 1$　$((x, y) \neq (-1, 0))$ が導ける。…(答)

ココがポイント

⇦ $t \to \pm\infty$ のときの極限として，$x \to -1$，$y \to 0$ となるので，この曲線が点 $(-1, 0)$ を通ることはない。よって，$(x, y) \neq (-1, 0)$ となるんだね。

⇦ だ円：$\dfrac{x^2}{1^2} + \dfrac{y^2}{2^2} = 1$

別解　公式：$\cos\theta = \dfrac{1-\tan^2\frac{\theta}{2}}{1+\tan^2\frac{\theta}{2}}$，$\sin\theta = \dfrac{2\tan\frac{\theta}{2}}{1+\tan^2\frac{\theta}{2}}$ を使ってもいい。

$t = \tan\dfrac{\theta}{2}$ とおくと，①，②は，$x = \cos\theta$ …①′，$\dfrac{y}{2} = \sin\theta$ …②′ となるので，

①′² + ②′² より，　$x^2 + \left(\dfrac{y}{2}\right)^2 = \cos^2\theta + \sin^2\theta = 1$ と，同じ結果が導ける。

円の回転とアステロイド曲線

xy 座標平面上に原点 O を中心とする半径 a の円 C があり，この円に内接しながら，すべらずに回転する半径 $\dfrac{a}{4}$ の円 C' がある。はじめ円 C' の中心 O' は点 $\left(\dfrac{3}{4}a,\ 0\right)$ にあり，このとき円 C' 上の円 C と接する点を P とおく。円 C' が円 C の内部をすべらずに 4 回転して元の位置に戻るものとする。このとき，$\overrightarrow{OO'}$ と x 軸の正の向きとのなす角を θ とおき，また，点 $P(x,\ y)$ とおく。この動点 P の描く曲線が，アステロイド曲線で，この方程式が $x = a\cos^3\theta$，$y = a\sin^3\theta$ となることを示せ。
（ただし，$0 \leqq \theta \leqq 2\pi$ とする。）

解答 & 解説

> 円 C の内側を小さな円 C' が内接しながら，すべらずに回転していく問題だね。

はじめ，点 $(a,\ 0)$ で円 C に内接していた円 C' が，$\angle O'Ox = \theta$ となるまで回転した状態を図 1 に示す。このときの接点を Q とおくと，すべらずに回転しているから接触した部分の 2 つの円弧の長さは等しい。

このときの動点 P を $P(x,\ y)$ とおくと，ベクトルのまわり道の原理から，

$$\overrightarrow{OP} = (x,\ y) = \overrightarrow{OO'} + \overrightarrow{O'P} \quad \cdots\cdots ① \quad \text{となる。}$$

後は，$\overrightarrow{OO'}$ と $\overrightarrow{O'P}$ を成分で表せばいい。

(i) $\overrightarrow{OO'}$ について，

　　　点 O' だけに着目すると，図 2 のように，半径 $\dfrac{3}{4}a$ の円周上を θ だけ回転した位置にあるので，

$$\overrightarrow{OO'} = \left(\dfrac{3}{4}a\cos\theta,\ \dfrac{3}{4}a\sin\theta\right) \quad \cdots\cdots ②$$

ココがポイント

図 1

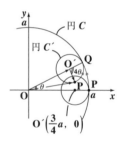

図 2

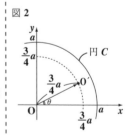

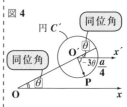

(ⅱ) $\overrightarrow{\mathrm{O'P}}$ について，

　動点 P の最初の位置を $\mathrm{P_0}$ とおくと，2 つの円弧の長さ $\overset{\frown}{\mathrm{QP}}$ と $\overset{\frown}{\mathrm{QP_0}}$ は等しい。しかし，円 C の半径に比べて円 C' の半径は 4 分の 1 だから，逆に回転角は 4 倍になる。(図3)

図3

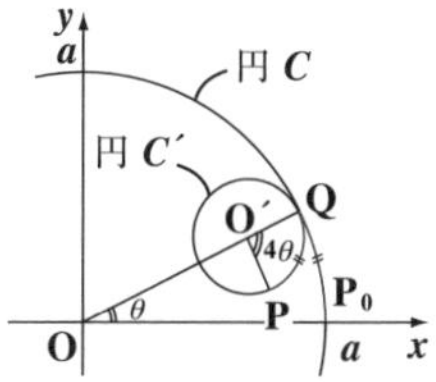

　$\therefore \angle \mathrm{QO'P} = 4\theta$

　次に，$\mathrm{O'}$ を原点とみたときの P の座標が $\overrightarrow{\mathrm{O'P}}$ の成分だから，$\mathrm{O'}$ から x 軸に平行な x' 軸をとる。すると，図 4 のように同位角分を除くと，

図4 円 C' 　同位角 　同位角

$\boxed{\text{角度は時計まわりは} \ominus \text{とする。}}$

$\mathrm{O'}$ を中心に点 P は半径 $\dfrac{1}{4}a$ の円周上を -3θ 回転した位置にある。

$$\therefore \overrightarrow{\mathrm{O'P}} = \left(\frac{1}{4}a\underbrace{\boxed{\cos(-3\theta)}}_{\cos 3\theta},\ \frac{1}{4}a\underbrace{\boxed{\sin(-3\theta)}}_{-\sin 3\theta}\right)$$

$$\underline{\underline{\overrightarrow{\mathrm{O'P}} = \left(\frac{1}{4}a\cos 3\theta,\ -\frac{1}{4}a\sin 3\theta\right)}} \cdots\cdots ③$$

以上②，③を①に代入して，

$$\overrightarrow{\mathrm{OP}} = (x,\ y) = \left(\frac{3}{4}a\cos\theta,\ \frac{3}{4}a\sin\theta\right) + \left(\frac{1}{4}a\cos 3\theta,\ -\frac{1}{4}a\sin 3\theta\right)$$

$$= \left(\frac{a}{4}(3\cos\theta + \underbrace{\boxed{\cos 3\theta}}_{4\cos^3\theta - 3\cos\theta}),\ \frac{a}{4}(3\sin\theta - \underbrace{\boxed{\sin 3\theta}}_{(3\sin\theta - 4\sin^3\theta)})\right) \leftarrow \boxed{3\text{ 倍角の公式}}$$

$$= \left(\frac{a}{4}\cdot 4\cos^3\theta,\ \frac{a}{4}\cdot 4\sin^3\theta\right)$$

$$= (a\cos^3\theta,\ a\sin^3\theta)$$

以上より，動点 P の描くアステロイド曲線の方程式は，

$\boxed{\text{動点 P の描く曲線}}$

$$x = a\cos^3\theta,\ y = a\sin^3\theta \text{ となる。} \cdots\cdots\cdots\text{(終)}$$

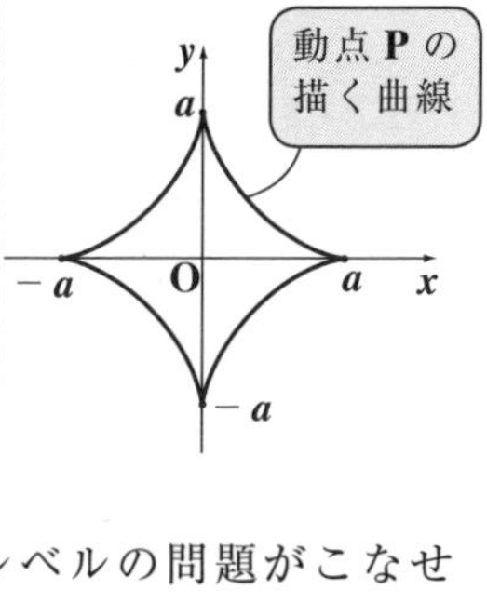

　少し骨があったけれど面白かっただろう？　このレベルの問題がこなせるようになると，かなりの実力が身に付いたと言えるんだね。

§3. 極座標と極方程式をマスターしよう！

たとえば，東京都千代田区 1 − 1 − 1 といえば，皇居だったと思うけれど，この場所を別の言い方で指定することもできるね。東経○度○分○秒，北緯○度○分○秒といってもいいわけだ。

これと同じで，xy 座標平面上の点 P(x, y) と表していたものを，別の座標系で表すことも可能なんだね。それが，ここで話す "**極座標**" なんだ。そして，xy 座標系でも，円や放物線や直線など，いろんな図形を x と y の方程式で表したね。同様に，極座標系でも，いろんな図形を方程式で表せる。それを "**極方程式**" と呼ぶ。

● 極座標では，点を r と θ で表す！

図 1(i) の xy 座標系での点 P(x, y) の位置を，極座標系では (ii) のように点 P(r, θ) と表す。**極座標**では，**O** を極，半直線 **OX** を始線，**OP** を動径，そして θ を偏角と呼ぶ。始線 **OX** から角 $\underline{\theta}$ をとり，極 **O** からの距離 $\underset{\sim}{r}$ を指定すれば，点 **P** の位置が決まるだろう。よって，点 **P** の位置を P$(\underset{\sim}{r}, \underline{\theta})$ と表すことが出来るんだね。

図 1 (i) は，この極座標と xy 座標を重ね合わせた形になっているから，xy 座標の P(x, y) の x，y と極座標の P(r, θ) の r，θ との間の変換が次の式で出来るのがわかるね。

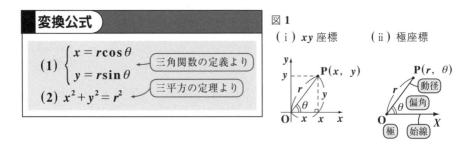

変換公式

$$(1) \begin{cases} x = r\cos\theta \quad \text{← 三角関数の定義より} \\ y = r\sin\theta \quad \text{← 三平方の定理より} \end{cases}$$

$$(2) \ x^2 + y^2 = r^2$$

図 1
(i) xy 座標　　(ii) 極座標

ここで，極座標の問題点についても言っておこう。図 2 の極座標で表した点

$\mathrm{P}\!\left(\overset{r}{2},\ \overset{\theta}{\dfrac{\pi}{3}}\right)$ は，$\theta=\dfrac{\pi}{3},\ \dfrac{\pi}{3}\pm\boxed{2\pi},\ \dfrac{\pi}{3}\pm\boxed{4\pi}$，

1 周回転　2 周回転

$\boxed{\text{一般角 }\theta=\dfrac{\pi}{3}+2n\pi\ (n：整数)}$ だ。

…としても，すべて同じ位置を表すんだね。また，r が負でもよければ，図 2 の点

$\mathrm{Q}\!\left(2,\ \dfrac{4}{3}\pi\right)$ を反転させた $\left(-2,\ \dfrac{4}{3}\pi\right)$ も，

$\mathrm{P}\!\left(2,\ \dfrac{\pi}{3}\right)$ と同じ位置を表す。

図 2　極座標の問題点

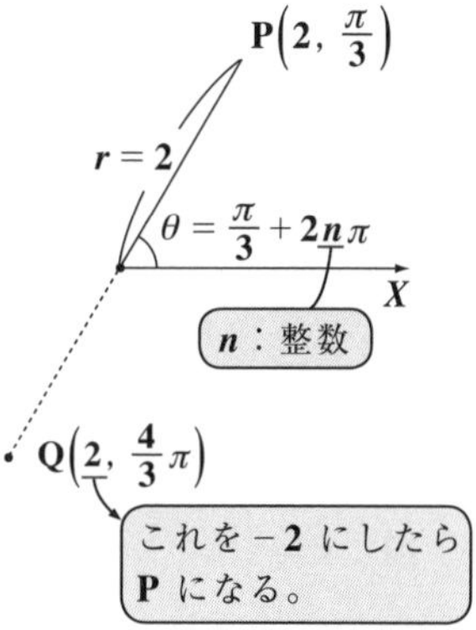

$\mathrm{P}\!\left(2,\ \dfrac{\pi}{3}\right)$

$r=2$

$\theta=\dfrac{\pi}{3}+2n\pi$

$\boxed{n：整数}$

$\mathrm{Q}\!\left(2,\ \dfrac{4}{3}\pi\right)$

$\boxed{\text{これを}-2\text{にしたら}\ \mathrm{P}\ \text{になる。}}$

しかし，自分で $0<r,\ 0\leqq\theta<2\pi$ と定義すると，原点以外の $\mathrm{P}(r,\theta)$ の座標は一意に定まる。　$\boxed{\text{“ただ 1 つに” という意味}}$

それでは，この条件下で，xy 座標と極座標の変換の例を下に示しておく。図 3 に，対応する点のグラフも示すね。

xy 座標		極座標
$\mathrm{A}(\sqrt{3},\ 1)$	$\longleftrightarrow$	$\mathrm{A}\!\left(2,\ \dfrac{\pi}{6}\right)$
$\mathrm{B}(-\sqrt{2},\ 0)$	$\longleftrightarrow$	$\mathrm{B}\!\left(\sqrt{2},\ \pi\right)$
$\mathrm{C}(1,\ -\sqrt{3})$	$\longleftrightarrow$	$\mathrm{C}\!\left(2,\ \dfrac{5}{3}\pi\right)$

図 3　例題

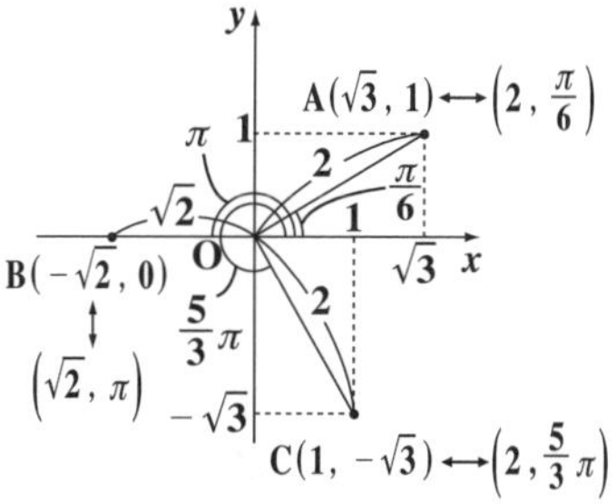

$\mathrm{A}(\sqrt{3},\ 1)\longleftrightarrow\left(2,\ \dfrac{\pi}{6}\right)$

$\mathrm{B}(-\sqrt{2},\ 0)$

$\left(\sqrt{2},\ \pi\right)$

$\mathrm{C}(1,\ -\sqrt{3})\longleftrightarrow\left(2,\ \dfrac{5}{3}\pi\right)$

ここで，$\angle\mathrm{BOC}=\dfrac{2}{3}\pi$ より，余弦定理を使えば BC の長さもすぐわかるね。図 4 より，

図 4　例題

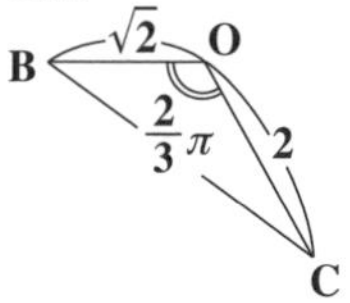

B　$\sqrt{2}$　O

$\dfrac{2}{3}\pi$　2

C

$$\mathrm{BC}^2=\overset{\mathrm{OB}^2}{\boxed{(\sqrt{2})^2}}+\overset{\mathrm{OC}^2}{\boxed{2^2}}-2\overset{\mathrm{OB}}{\boxed{\sqrt{2}}}\cdot\overset{\mathrm{OC}}{\boxed{2}}\cdot\cos\overset{\angle\mathrm{BOC}}{\boxed{\dfrac{2}{3}\pi}}=6+2\sqrt{2}\qquad\therefore\mathrm{BC}=\sqrt{6+2\sqrt{2}}$$

● 極方程式で円や直線が描ける！

xy 座標系では，x と y の方程式 ($y = \sin x$，$x^2 + y^2 = 1$ など) によりさまざまな直線や曲線を表したね。これと同様に，極座標では，r と θ の関係式により，直線や曲線を表すことができる。この r と θ の関係式のことを，"**極方程式**" と呼ぶ。

r と θ の関係式になっていないんだけれど，最も簡単な極方程式の例を **2** つ示そう。

(ⅰ) 円：$r = 1$

θ についてはなにも言っていないので，θ は自由に動く。でも，極 **O** からの距離 r の値は **1** を常に保つので，図 **5**(ⅰ) のように，極を中心とする半径 **1** の円になるのがわかるね。

(ⅱ) 直線：$\theta = \dfrac{\pi}{3}$

図 5　簡単な極方程式

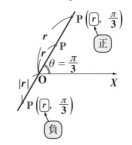

(ⅰ) 円：$r = 1$

(ⅱ) 直線：$\theta = \dfrac{\pi}{3}$

今度は逆に，θ の値は $\dfrac{\pi}{3}$ を一定に保ちながら，r の値が正・負自由に動くから，極 **O** を通る傾き $\sqrt{3}\left[= \tan\dfrac{\pi}{3} \right]$ の直線になる。(図 **5**(ⅱ))

では次，$\underline{r\cos\left(\theta - \dfrac{\pi}{6}\right) = 2}$ ……① はどんな図形を表すかわかる？

r と θ の関係式：極方程式

極方程式の形でわからないときは，変換公式を使って，x と y の方程式にもち込めばいいんだね。①を変形して，

$$(1) \begin{cases} x = r\cos\theta \\ y = r\sin\theta \end{cases}$$
$$(2)\ x^2 + y^2 = r^2$$

$$r\left(\cos\theta \cdot \underbrace{\cos\dfrac{\pi}{6}}_{\frac{\sqrt{3}}{2}} + \sin\theta \cdot \underbrace{\sin\dfrac{\pi}{6}}_{\frac{1}{2}}\right) = 2$$

$$\frac{\sqrt{3}}{2}\underbrace{r\cos\theta}_{x} + \frac{1}{2}\underbrace{r\sin\theta}_{y} = 2 \qquad \sqrt{3}\,x + y = 4 \qquad \therefore\, y = -\sqrt{3}\,x + 4 \ \ と$$

直線の式であることがわかった！ 要領はつかめた？

　ここで，極 O とは異なる点 $A(\underbrace{r_0,\ \theta_0}_{\text{定数}})$ を

通り，線分 OA と垂直な直線 l の極方程式
を求めよう。l 上を動く動点を $P(r,\ \theta)$ とお
いて，図 6 の直角三角形 POA で考えると，
$\dfrac{r_0}{r} = \cos(\theta - \theta_0)$　となるので，

l の極方程式：　$\boxed{r\cos(\theta - \theta_0) = r_0}$ …$(*)$

図6　直線の方程式

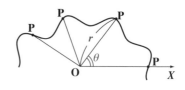

直線上の動点
$P(r,\ \theta)$

$A(r_0,\ \theta_0)$

直線 l
$r\cos(\theta - \theta_0) = r_0$

が導けるんだね。さっきの例題は，この r_0 と
θ_0 が，$r_0 = 2$，$\theta_0 = \dfrac{\pi}{6}$ のときのものだった
んだね。納得いった？

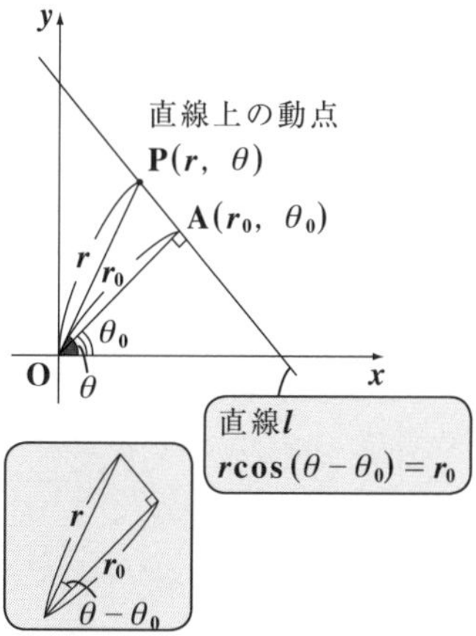

　次，円：$x^2 + (y-2)^2 = 5$ ……② を，逆に極方程式に変形しよう。

②より，$(\underbrace{x^2 + y^2}_{r^2}) - 4(\underbrace{y}_{r\sin\theta}) + 4 = 5$　$\therefore r^2 - 4r\sin\theta - 1 = 0$ となる。
簡単だね。でもこれでいいんだ。

　xy 座標系の方程式で，$y = f(x)$ の形のものが圧倒的に多かったね。
極方程式においても，$r = f(\theta)$ の
形のものが結構あるんだ。これ
は，偏角 θ の値が与えられれば，
そのときの r が決まるので，θ の
値の変化により r が変化する。図
7 のようなイメージを思い描いて
くれたらいい。

図7　$r = f(\theta)$ のイメージ

121

たとえば，前回やった"らせん"もこの形の極方程式で表すことができる。"らせん（Ⅰ）"について，$x = e^{-\theta}\cos\theta$ …③，$y = e^{-\theta}\sin\theta$ …④

③^2＋④^{2}より，$\underbrace{(x^2 + y^2)}_{r^2} = e^{-2\theta}\cos^2\theta + e^{-2\theta}\sin^2\theta = e^{-2\theta}(\underbrace{(\cos^2\theta + \sin^2\theta)}_{1})$

$r^2 = e^{-2\theta}$より，$r = e^{-\theta}$ [$r = f(\theta)$ の形の極方程式] が導ける。

図8に，"らせん（Ⅰ）"の曲線をもう1度描いておくから，この意味を考えてくれ。つまり，偏角 θ の値が与えられれば，そのときの r の値が決まるんだね。しかも θ の増加にともなって，r は孫悟空のニョイ棒のようにどんどん縮んでいくんだ。

図8 らせん（Ⅰ） $r = f(\theta) = e^{-\theta}$

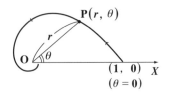

逆に，極方程式：$r = e^{\theta}$ は回転しながらニョイ棒がグイグイ伸びていくらせんを表しているんだね。

では次，**アルキメデスのらせん**も紹介しよう。このアルキメデスのらせんは，極方程式：$r = a\theta$（a：正の定数）で表される。$a = 1$ のときのこの曲線 $r = \theta$（$0 \leqq \theta$）を図9に示す。回転して，θ が増加するにつれて，動径 r も大きくなっていく様子が分かると思う。

図9 アルキメデスのらせん

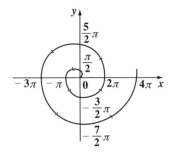

では次，正葉曲線（せいよう）に入ろう。この極方程式は，次のようになる。

$r = a\sin n\theta$ …（＊）（a：正の定数，$n = 1, 2, 3, \cdots$）

(ex1) $a = 1$，$n = 1$ のときの正葉曲線は，

$\quad r = \sin\theta$ ……① より，①の両辺に r をかけると，

$\quad r^2 = r\sin\theta$ より，$\underbrace{x^2 + y^2}_{x^2+y^2} = \underbrace{y}_{y}$

よって，$x^2 + \left(y^2 - 1 \cdot y + \dfrac{1}{4}\right) = \dfrac{1}{4}$　より，円：$x^2 + \left(y - \dfrac{1}{2}\right)^2 = \dfrac{1}{4}$

2 で割って 2 乗

になる。$a = 1$, $n = 2, 3, 4$ のときの正葉曲線を図 10(i), (ii), (iii) に示す。キレイな葉っぱの形の曲線が描けるんだね。

図 10　正葉曲線

(i) $r = \sin 2\theta$　　　　　(ii) $r = \sin 3\theta$　　　　　(iii) $r = \sin 4\theta$

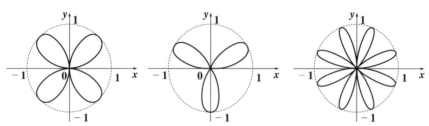

図 10(i) $r = \sin 2\theta$ $(0 \leqq \theta \leqq 2\pi)$
について，右の r と θ のグラフより，

・$0 \leqq \theta \leqq \dfrac{\pi}{2}$ のとき，

$\theta = 0$ のとき，$r = \sin 0 = 0$

$\theta = \dfrac{\pi}{6}$ のとき，$r = \sin\dfrac{\pi}{3} = \dfrac{\sqrt{3}}{2}$

$\theta = \dfrac{\pi}{4}$ のとき，$r = \sin\dfrac{\pi}{2} = 1$

$\theta = \dfrac{\pi}{3}$ のとき，$r = \sin\dfrac{2}{3}\pi = \dfrac{\sqrt{3}}{2}$

$\theta = \dfrac{\pi}{2}$ のとき，$r = \sin\pi = 0$

となるので，図 11 に示すように，
極座標表示の点

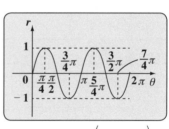

図 11　$r = \sin 2\theta$ $\left(0 \leqq \theta \leqq \dfrac{\pi}{2}\right)$

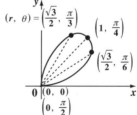

$(0,\ 0) \longrightarrow \left(\dfrac{\sqrt{3}}{2},\ \dfrac{\pi}{6}\right) \longrightarrow \left(1,\ \dfrac{\pi}{4}\right) \longrightarrow \left(\dfrac{\sqrt{3}}{2},\ \dfrac{\pi}{3}\right) \longrightarrow \left(0,\ \dfrac{\pi}{2}\right)$ を滑らかな曲

線で結べば，第 1 象限に 1 枚の葉っぱ状の曲線が描けるんだね。この続き
は，演習問題 35(P126) でやろう！

● 1つの極方程式で3つの2次曲線が表せる!?

さっき話した，$r = f(\theta)$ の形の極方程式の中で最も有名なものが，次に示す"**2次曲線（放物線・だ円・双曲線）の極方程式**"なんだ。これは，たった1つの方程式で，この3つの2次曲線がすべて表されるスゴイ式なんだ。

■ 2次曲線の極方程式

$$r = \frac{k}{1 - e\cos\theta} \ \cdots\cdots ① \qquad \left[r = \frac{k}{1 + e\cos\theta} \ \cdots\cdots ② \right]$$

（k：正の定数）←── $\theta = \dfrac{\pi}{2}$ のときの r の値

$$(e：離心率) \begin{cases} (\mathrm{i}) \ 0 < e < 1 \quad \text{のとき，} \quad \text{だ円} \\ (\mathrm{ii}) \ e = 1 \qquad\quad \text{のとき，} \quad \text{放物線} \\ (\mathrm{iii}) \ 1 < e \qquad\quad \text{のとき，} \quad \text{双曲線} \end{cases}$$

①の極方程式は必ず覚えてくれ。そして，e（離心率）の値によって，3つの2次曲線がすべて表現されてるんだ。

例として，$k = 1$，$\underbrace{e = 1}$ のとき，①が $\underline{放物線}$ を表すことを，変換公式で確認してみよう。このときの①を変形して，

$$r = \frac{1}{1 - \cos\theta} \qquad \overbrace{r(1 - \cos\theta)} = 1 \qquad r - \underbrace{\overbrace{r\cos\theta}^{x}} = 1$$

$$r = x + 1 \qquad この両辺を2乗して，\underbrace{r^2}_{x^2 + y^2} = (x + 1)^2$$

$$\not{x^2} + y^2 = \not{x^2} + 2x + 1 \quad \therefore y^2 = 2x + 1 \quad \left[y^2 = 4 \cdot \underbrace{\boxed{\frac{1}{2}}}_{p}\left(x + \underline{\frac{1}{2}}\right) \right] \ \overset{\text{平行移動項}}{\nearrow}$$

と，なるほど放物線の方程式になったね。その他の e の値，たとえば $e = 2$ や $e = \dfrac{1}{2}$ のときなど，k の値を $k = 1$ など適当に定めて，双曲線やだ円になる事も自分で確認してみるといい。

それでは次，①の方程式の導き方と離心率 e の意味を解説しよう。図 12 のように，始線 **OX** に垂直で，**O** からの距離が a である直線 (**準線**) l がある。

ここで，動点 $\mathbf{P}(r, \theta)$ が，$\dfrac{\mathbf{PO}}{\mathbf{PH}}$ の比を一定に保ちながら動くとき，動点 **P** は 2 次曲線を描くんだ。そして，この比のことを **離心率** e と呼ぶ。よって，

図 12　離心率 e

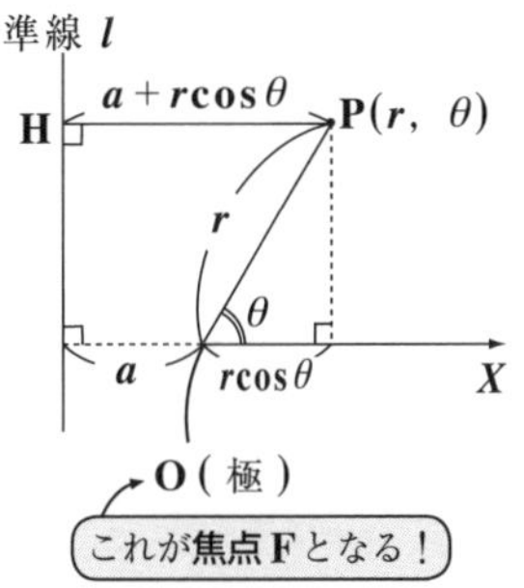

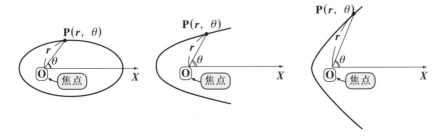

準線 l

これが**焦点 F となる！**

O（極）

$\dfrac{\overset{r}{(\mathbf{PO})}}{\underset{a+r\cos\theta}{(\mathbf{PH})}} = e$ だね。図 12 より，$\dfrac{r}{a+r\cos\theta} = e$

$r = e\overbrace{(a+r\cos\theta)}$ 　　$(1-e\cos\theta)r = \overbrace{\underbrace{ea}}^{\text{これを } k \text{ とおく}}$

$\therefore$ **2 次曲線の極方程式**：$r = \dfrac{k}{1-e\cos\theta}$ ……①が導かれたね。

ここで，準線が極 **O** の右側にあるとき極方程式は，$r = \dfrac{k}{1+e\cos\theta}$ …②

となる。試験では，どちらの形も出る可能性があるから，要注意だ！

それでは，最後に，この 2 次曲線の極方程式①のグラフ (動点 **P** の描く曲線) をまとめて描いておくから，シッカリ頭に入れておこう。

図 13　$r = \dfrac{k}{1-e\cos\theta}$ による，だ円，放物線，双曲線のグラフ

（ⅰ）だ円　$(0 < e < 1)$　　（ⅱ）放物線　$(e = 1)$　　（ⅲ）双曲線　$(1 < e)$

正葉曲線

| 演習問題 35 | 難易度 ★★ | CHECK 1 | CHECK 2 | CHECK 3 |

正葉曲線 $r = \sin 2\theta$ $(0 \leqq \theta \leqq 2\pi)$ を (i) $0 \leqq \theta \leqq \dfrac{\pi}{2}$, (ii) $\dfrac{\pi}{2} < \theta \leqq \pi$,

(iii) $\pi < \theta \leqq \dfrac{3}{2}\pi$, (iv) $\dfrac{3}{2}\pi < \theta \leqq 2\pi$ の 4 つに分けて調べ, この曲線の

概形を xy 座標平面上に示せ。

ヒント! (i) $0 \leqq \theta \leqq \dfrac{\pi}{2}$ のときのグラフについては, **P123** で既に示した。(ii) $\dfrac{\pi}{2} < \theta \leqq \pi$ のグラフは, 主に第 4 象限に, (iv) $\dfrac{3}{2}\pi < \theta \leqq 2\pi$ のグラフは, 主に第 2 象限に現れることを, この問題でマスターしよう!

解答 & 解説

正葉曲線 $r = f(\theta) = \sin 2\theta$ ⋯① $(0 \leqq \theta \leqq 2\pi)$ とおく。

(i) $0 \leqq \theta \leqq \dfrac{\pi}{2}$ のとき

$$f(0) = 0, \quad f\left(\dfrac{\pi}{6}\right) = \dfrac{\sqrt{3}}{2}, \quad f\left(\dfrac{\pi}{4}\right) = 1$$

$$f\left(\dfrac{\pi}{3}\right) = \dfrac{\sqrt{3}}{2}, \quad f\left(\dfrac{\pi}{2}\right) = 0 \quad \text{より,}$$

$r = f(\theta)$ のグラフは右のようになる。

> **P123** で解説した

(ii) $\dfrac{\pi}{2} < \theta \leqq \pi$ のとき

$$f\left(\dfrac{2}{3}\pi\right) = \sin \dfrac{4}{3}\pi = -\dfrac{\sqrt{3}}{2}$$

$$f\left(\dfrac{3}{4}\pi\right) = \sin \dfrac{3}{2}\pi = -1$$

$$f\left(\dfrac{5}{6}\pi\right) = \sin \dfrac{5}{3}\pi = -\dfrac{\sqrt{3}}{2}$$

$$f(\pi) = \sin 2\pi = 0 \quad \text{より,}$$

$r = f(\theta)$ のグラフは右のように

主に第 4 象限に現れる。

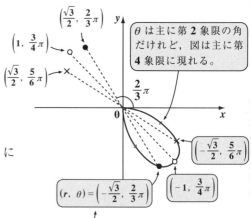

> θ は主に第 2 象限の角だけれど, 図は主に第 4 象限に現れる。

$(r, \theta) = \left(-\dfrac{\sqrt{3}}{2}, \dfrac{2}{3}\pi\right)$

$r = -\dfrac{\sqrt{3}}{2} < 0$ より, 点 $\left(\dfrac{\sqrt{3}}{2}, \dfrac{2}{3}\pi\right)$ を原点 0 に関して対称移動した位置にくる。他の点 "○", "×" も同様だ。

(iii) $\pi < \theta \leqq \dfrac{3}{2}\pi$ のとき

$$f\left(\dfrac{7}{6}\pi\right) = \sin\dfrac{7}{3}\pi = \sin\dfrac{\pi}{3} = \dfrac{\sqrt{3}}{2}$$

$$f\left(\dfrac{5}{4}\pi\right) = \sin\dfrac{5}{2}\pi = \sin\dfrac{\pi}{2} = 1$$

$$f\left(\dfrac{4}{3}\pi\right) = \sin\dfrac{8}{3}\pi = \sin\dfrac{2}{3}\pi = \dfrac{\sqrt{3}}{2}$$

$$f\left(\dfrac{3}{2}\pi\right) = \sin 3\pi = \sin\pi = 0 \quad \text{より,}$$

$r = f(\theta)$ のグラフは右のように

主に第 3 象限に現れる。

$\left(\dfrac{\sqrt{3}}{2},\ \dfrac{7}{6}\pi\right)$ $\left(1,\ \dfrac{5}{4}\pi\right)$ $\left(\dfrac{\sqrt{3}}{2},\ \dfrac{4}{3}\pi\right)$

(iv) $\dfrac{3}{2}\pi < \theta \leqq 2\pi$ のとき

$$f\left(\dfrac{5}{3}\pi\right) = \sin\dfrac{10}{3}\pi = \sin\dfrac{4}{3}\pi$$
$$= -\dfrac{\sqrt{3}}{2}$$

$$f\left(\dfrac{7}{4}\pi\right) = \sin\dfrac{7}{2}\pi = \sin\dfrac{3}{2}\pi$$
$$= -1$$

$$f\left(\dfrac{11}{6}\pi\right) = \sin\dfrac{11}{3}\pi = \sin\dfrac{5}{3}\pi$$
$$= -\dfrac{\sqrt{3}}{2}$$

$$f(2\pi) = \sin 4\pi = \sin 0 = 0 \quad \text{より,}$$

$r = f(\theta)$ のグラフは右上のように

主に第 2 象限に現れる。

$\left(-\dfrac{\sqrt{3}}{2},\ \dfrac{5}{3}\pi\right)$ $\left(-1,\ \dfrac{7}{4}\pi\right)$ $\left(-\dfrac{\sqrt{3}}{2},\ \dfrac{11}{6}\pi\right)$ $\left(\dfrac{\sqrt{3}}{2},\ \dfrac{11}{6}\pi\right)$ $\left(\dfrac{\sqrt{3}}{2},\ \dfrac{5}{3}\pi\right)$ $\left(1,\ \dfrac{7}{4}\pi\right)$

r がすべて⊖なので, 0 に関して反転した位置にくる。

以上 (i) ～ (iv) より, 正葉曲線

$r = f(\theta) = \sin 2\theta$

$(0 \leqq \theta \leqq 2\pi)$ のグラフの概形は,

右のようになる。 ……………………(答)

①, ②, ③, ④の **4** 枚の葉っぱをこの順に一筆書きする要領で描くことが出来るんだね。

正葉曲線 $r = \sin 2\theta$

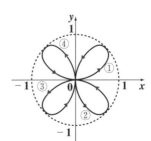

127

カージオイド (心臓形)

極方程式 $r = a(1 + \cos\theta)$ (a：正の定数)
($0 \leq \theta \leq 2\pi$) で表される曲線上の極座標表示の点を $P(r, \theta)$ とおく。極座標表示の定点 $A(2a, 0)$ と点 P との距離の最大値を求めよ。　　　(神戸大＊)

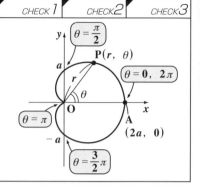

ヒント！ $r = a(1 + \cos\theta)$ で表される曲線は，図のようにハート形をしているので，**カージオイド (心臓形)** と呼ばれる。△OAP に余弦定理を用いるといいよ。

解答＆解説

カージオイド $r = a(1 + \cos\theta)$ ……①

$\qquad$ (a：正の定数，$0 \leq \theta \leq 2\pi$)

上の極座標表示の 2 点 $P(r, \theta)$ と $A(2a, 0)$ の間の距離の 2 乗 AP^2 は，△OAP に余弦定理を用いることにより，

$AP^2 = r^2 + (2a)^2 - 2 \cdot r \cdot 2a\cos\theta$

$\qquad = r^2 + 4a^2 - 4ar\cos\theta$ ……②　　となる。

①を②に代入してまとめると，

$AP^2 = a^2\left\{ -3\left(\cos^2\theta + \dfrac{2}{3}\cos\theta + \dfrac{1}{9}\right) + 5 + \dfrac{1}{3} \right\}$

（2 で割って 2 乗）

$\qquad = a^2\left\{ \dfrac{16}{3} - 3\left(\cos\theta + \dfrac{1}{3}\right)^2 \right\}$

（これは，0 以上より，これが 0 のとき AP^2 は最大になる。）

$\therefore \cos\theta = -\dfrac{1}{3}$ のとき，AP^2，すなわち AP は

最大値 $\sqrt{a^2 \cdot \dfrac{16}{3}} = \dfrac{4}{\sqrt{3}}a = \dfrac{4\sqrt{3}}{3}a$ をとる。…………(答)

ココがポイント

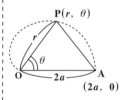

$\Leftarrow AP^2 = a^2(1 + \cos\theta)^2 + 4a^2$
$\qquad - 4a^2(1 + \cos\theta)\cos\theta$
$= a^2(1 + 2\cos\theta + \cos^2\theta$
$\quad + 4 - 4\cos\theta - 4\cos^2\theta)$
$= a^2(-3\cos^2\theta - 2\cos\theta + 5)$

$\Leftarrow AP^2$ の最大値は $\dfrac{16}{3}a^2$

$\therefore AP$ の最大値は $\sqrt{\dfrac{16}{3}a^2}$
$\qquad\qquad (a > 0)$

128

極方程式で表されただ円と極を通る直線

| 演習問題 37 | 難易度 ★★ | CHECK 1 | CHECK 2 | CHECK 3 |

極方程式で表されただ円 $E : r = \dfrac{2}{2 - \cos\theta}$ ……① がある。

(1) だ円 E の xy 座標系での方程式を求めよ。

(2) 原点 O (極) を通る直線とだ円 E との交点を P, Q とおく。

　　 このとき, $\dfrac{1}{\mathrm{OP}} + \dfrac{1}{\mathrm{OQ}} = (一定)$ となることを示せ。(帯広畜産大 ＊)

ヒント！ (1) では, 変換公式を使って, x と y の関係式に書き変えればいいね。
(2) $r = f(\theta)$ とおくと, $\mathrm{OP} = f(\theta_1)$, $\mathrm{OQ} = f(\theta_1 + \pi)$ と表される。よって, 与式は θ_1 によらず一定なのが示せるはずだ。

解答＆解説

(1) ①より, $\overbrace{r(2 - \cos\theta)} = 2 \qquad 2r - \overbrace{r\cos\theta}^{x} = 2$

　　 $2r = x + 2$ 　　両辺を 2 乗して,

　　 $4\underbrace{(r^2)}_{(x^2 + y^2)} = (x + 2)^2 \qquad 3x^2 - 4x + 4y^2 = 4$

　　これをまとめて, 求めるだ円 E の方程式は,

$$\frac{\left(x - \dfrac{2}{3}\right)^2}{\left(\dfrac{4}{3}\right)^2} + \frac{y^2}{\left(\dfrac{2}{\sqrt{3}}\right)^2} = 1 \quad \cdots\cdots\cdots(答)$$

(2) 原点 O が, 極方程式の極になっているため,
　　$\mathrm{P}(r_1,\ \theta_1)$ とおくと, $\mathrm{Q}(r_2,\ \theta_1 + \pi)$ と表せる。

$$\therefore \mathrm{OP} = r_1 = \frac{2}{2 - \cos\theta_1} \quad とおくと,$$

$$\mathrm{OQ} = r_2 = \frac{2}{2 - \underbrace{(\cos(\theta_1 + \pi))}_{-\cos\theta_1}} = \frac{2}{2 + \cos\theta_1}$$

$$\therefore \frac{1}{\mathrm{OP}} + \frac{1}{\mathrm{OQ}} = \frac{2 - \cos\theta_1}{2} + \frac{2 + \cos\theta_1}{2}$$

$$= 2 = (一定) \quad \cdots\cdots(終)$$

　　 θ_1 の影響が消えた！

ココがポイント

⇦ $r = \dfrac{1}{1 - \underbrace{\dfrac{1}{2}}_{e}\cos\theta}$ より,

　　これは, だ円だね。

⇦ $3\left(x^2 - \dfrac{4}{3}x + \dfrac{4}{9}\right) + 4y^2$
　　 $= 4 + \dfrac{4}{3}$
　　 $3\left(x - \dfrac{2}{3}\right)^2 + 4y^2 = \dfrac{16}{3}$
　　 $\dfrac{\left(x - \dfrac{2}{3}\right)^2}{\left(\dfrac{4}{3}\right)^2} + \dfrac{y^2}{\left(\dfrac{2}{\sqrt{3}}\right)^2} = 1$

⇦

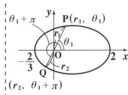

$(r_2,\ \theta_1 + \pi)$

⇦ 極 (焦点) を通る直線と
　 2 次曲線の問題では, 極方程式が有効だ！

講義 4 ● 式と曲線　公式エッセンス

1. 放物線の公式 ($p \neq 0$)

$x^2 = 4py$ の場合，（ア）焦点 $\mathrm{F}(0, p)$　　（イ）準線：$y = -p$

（ウ）$\boxed{\mathrm{QF} = \mathrm{QH}}$　（Q：曲線上の点，QH：Q と準線との距離）

2. だ円：$\dfrac{x^2}{a^2} + \dfrac{y^2}{b^2} = 1 \ (a > b > 0)$ の公式

（ア）焦点 $\mathrm{F}(c, 0)$, $\mathrm{F}'(-c, 0)$ $\left(c = \sqrt{a^2 - b^2}\right)$

（イ）$\boxed{\mathrm{QF} + \mathrm{QF}' = 2a}$　（Q：曲線上の点）

3. 双曲線の公式 ($a > 0$, $b > 0$)

$\dfrac{x^2}{a^2} - \dfrac{y^2}{b^2} = 1$ の場合，（ア）焦点 $\mathrm{F}(c, 0)$, $\mathrm{F}'(-c, 0)$ $\left(c = \sqrt{a^2 + b^2}\right)$

（イ）漸近線：$y = \pm\dfrac{b}{a}x$　（ウ）$\boxed{|\mathrm{QF} - \mathrm{QF}'| = 2a}$　（Q：曲線上の点）

4. さまざまな曲線の媒介変数表示 (θ：媒介変数)

(1) だ円 $\dfrac{x^2}{a^2} + \dfrac{y^2}{b^2} = 1$：$x = a\cos\theta$, $y = b\sin\theta$

(2) サイクロイド曲線：$x = a(\theta - \sin\theta)$, $y = a(1 - \cos\theta)$ (a：正の定数)

(3) らせん（I）：$x = e^{-\theta}\cos\theta$, $y = e^{-\theta}\sin\theta$ ← 半径 $r = e^{-\theta}$ が縮む。

　　らせん（II）：$x = e^{\theta}\cos\theta$, $y = e^{\theta}\sin\theta$ ← 半径 $r = e^{\theta}$ が伸びる。

(4) アステロイド曲線：$x = a\cos^3\theta$, $y = a\sin^3\theta$ (a：正の定数)

5. 極方程式で表された曲線 (a：正の定数，n：自然数)

(1) アルキメデスのらせん：$r = a\theta$　　(2) 正葉曲線：$r = a\sin n\theta$

6. 2次曲線の極方程式 (e：離心率)

$r = \dfrac{k}{1 - e\cos\theta}$ $\left[r = \dfrac{k}{1 + e\cos\theta}\right]$ (k：正の定数)

(ⅰ) $0 < e < 1$：だ円　　(ⅱ) $e = 1$：放物線　　(ⅲ) $1 < e$：双曲線

数列の極限
（数学 III ）

▶ Σ計算を使った数列の極限

▶ 無限級数（等比型・部分分数分解型）

▶ 漸化式と数列の極限の応用

講義⑤ 数列の極限

　さァ，これから"合格！数学 III・C Part1"の最後のテーマ"**数列の極限**"の講義に入ろう。これから今回も，わかりやすく親切に教えるつもりだ。

　極限の考え方は，実は動きのあるものだから，初学者にとっては，理解しづらいテーマなんだけれど，この後に解説する"**微分・積分**"の基本となる分野だから，ここで，シッカリマスターしておく必要があるんだね。

　これから教える"**数列の極限**"のポイントは次の 2 つだ。

- 数学 B の数列の Σ 計算に習熟すること。
- $\dfrac{\infty}{\infty}$ や $\infty - \infty$ などの不定形の意味を知ること。

§1. 数列の極限の基本テーマは，Σ 計算だ！

● Σ 計算の復習からスタートしよう！

　これから，極限の計算に必要な"**Σ 計算**"について練習するよ。スッカリ忘れている人のために，まず公式から書いておこう。

Σ 計算の基本公式

$(1)\ \displaystyle\sum_{k=1}^{n} k = \frac{1}{2}n(n+1)$　　　　$(2)\ \displaystyle\sum_{k=1}^{n} k^2 = \frac{1}{6}n(n+1)(2n+1)$

$(3)\ \displaystyle\sum_{k=1}^{n} k^3 = \frac{1}{4}n^2(n+1)^2$　　$(4)\ \displaystyle\sum_{k=1}^{n} c = nc$　← n 個の c の和だ！

　　　　　　　　　　　　　　　　　　　　　　定数

どう？　数学 B の"**数列**"のところで勉強した公式だけれど，思い出した？
それでは，この公式を使って実際に例題を解いてみることにしよう。

◆例題17◆

$T = 1 \cdot (n-1) + 2 \cdot (n-2) + 3 \cdot (n-3) + \cdots\cdots + (n-1) \cdot 1$ を求めよ。

解答

$T = 1 \cdot (n-1) + 2 \cdot (n-2) + 3 \cdot (n-3) + \cdots\cdots + (n-1) \cdot \{n-(n-1)\}$

と変形し，さらに 1，2，3，$\cdots$，$n-1$ と動く部分を k とおいて，

Σ 計算にもち込む。

今回，$k=1$，2，$\cdots$，$n-1$ まで動く。

これは定数扱い！

$T = \sum_{k=1}^{n-1} k(n-k) = \sum_{k=1}^{n-1} (n k - k^2)$

公式 $\sum_{k=1}^{n} k = \frac{1}{2}n(n+1)$ より，
$\sum_{k=1}^{n-1} k = \frac{1}{2}(n-1)(n-1+1)$ だ。

$= n \sum_{k=1}^{n-1} k - \sum_{k=1}^{n-1} k^2$

$= n \cdot \frac{1}{2}n(n-1) - \frac{1}{6}n(n-1)(2n-1)$

同様に，
$\sum_{k=1}^{n-1} k^2 = \frac{1}{6}(n-1)(n-1+1)\{2(n-1)+1\}$

$= \frac{1}{6}n(n-1)\{3n-(2n-1)\}$

$= \frac{1}{6}n(n+1)(n-1)$ $\cdots\cdots\cdots\cdots\cdots\cdots\cdots\cdots\cdots\cdots\cdots\cdots\cdots$ (答)

公式って，使いこなすことによって，スイスイ頭の中に入ってくるでしょう。
調子が出てきた？

● $\dfrac{\infty}{\infty}$ の不定形の意味を理解しよう！

次，**極限**に入ろう。極限の式 $\displaystyle\lim_{n \to \infty} \frac{1}{2n}$ が与えられたとしよう。これは，

分母の $2n \to \infty$ となって，$\dfrac{1}{\infty}$ の形だから，当然 0 に近づいていくのがわか

るね。

つまり，$\displaystyle\lim_{n \to \infty} \frac{1}{2n} = 0$ だ。同様に，$\displaystyle\lim_{n \to \infty} \frac{3}{3n^2+1}$ も $\displaystyle\lim_{n \to \infty} \frac{-2}{n-1}$ もそれぞれ，

$\dfrac{3}{\infty}$，$\dfrac{-2}{\infty}$ の形だから，0 に**収束**する。

逆に，$\lim\limits_{n \to \infty} \dfrac{\overbrace{3n-4}^{\infty}}{2}$ や $\lim\limits_{n \to \infty} \dfrac{\overbrace{1-2n}^{-\infty}}{4}$ は，それぞれ $\dfrac{\infty}{2}$ や $\dfrac{-\infty}{4}$ の形なので，結局，∞ と $-\infty$ に **発散** してしまうのも大丈夫だね。

それじゃ次，$\dfrac{\infty}{\infty}$ の **不定形** はどうなるのか？　その意味を解説しよう。大体のイメージとして，次の **3** つを頭に描いてくれたらいい。

(i) $\dfrac{400}{10000000000} \longrightarrow 0$ （収束）　$\left[\dfrac{弱い\infty}{強い\infty} \to 0 \right]$

(ii) $\dfrac{300000000000}{100} \longrightarrow \infty$ （発散）　$\left[\dfrac{強い\infty}{弱い\infty} \to \infty \right]$

(iii) $\dfrac{1000000}{2000000} \longrightarrow \dfrac{1}{2}$ （収束）　$\left[\dfrac{同じ強さの\infty}{同じ強さの\infty} \to 有限な値 \right]$

$\dfrac{\infty}{\infty}$ なので，分子・分母が共に非常に大きな数になっていくのはわかると思う。一般に，極限の問題では，数値が動くので，これを具体的に表現することは難しい。上に示した **3** つの例は，これら動きがあるものの，ある瞬間をパチリと取ったスナップ写真のようなものだと考えてくれ。

(i) 分子・分母が無限大に大きくなっていくんだけれど，$\dfrac{弱い\infty}{強い\infty}$ であれば，相対的に分母の方がずっと大きいので，これは **0** に収束する。

(ii) これは，(i) の逆の場合で，分母に対して分子の方が圧倒的に強い ∞ なので，割り算しても，∞ に発散する。

(iii) これは，分子・分母ともに，同じレベル (強さ) の無限大なので，分子・分母の値が大きくなっても，割り算すると $\dfrac{1}{2}$ という値に収束する。

> **注意**　ここで言っている，"強い ∞" とは，"∞ に発散していく速さが大きい ∞ のこと" であり，"弱い ∞" とは，"∞ に発散していく速さが小さい ∞ のこと" だ。これらは，理解を助けるための便宜上の表現で，正式なものではないので，答案には，"強い ∞" や "弱い ∞" などの記述はしない方がいい。

以上（ i ）（ ii ）（ iii ）のように，$\frac{\infty}{\infty}$ の場合，収束するか発散するか定まらないので，**不定形**と呼ぶ。

また，$\frac{\infty}{\infty} = \infty \times \left(\overset{0}{\frac{1}{\infty}}\right) = \infty \times 0$ とも書けるので，$\infty \times 0$ も**不定形**なんだね。それじゃ，少しウォーミングアップしておこう。

(1) $\lim\limits_{n \to \infty} \dfrac{\overset{\text{1 次の} \infty \text{（弱い）}}{\boxed{n-1}}}{\underset{\text{2 次の} \infty \text{（強い）}}{\boxed{2n^2+1}}} = 0$ 　　　(2) $\lim\limits_{n \to \infty} \dfrac{\overset{\text{3 次の} \infty \text{（強い）}}{\boxed{n^3+n^2}}}{\underset{\text{2 次の} \infty \text{（弱い）}}{\boxed{n^2+1}}} = \infty$

◆例題18◆

$$\lim_{n \to \infty} \frac{1 \cdot (n-1) + 2 \cdot (n-2) + 3 \cdot (n-3) + \cdots\cdots + (n-1) \cdot 1}{n^3} \quad \text{を求めよ。}$$

解答

分子は，例題 **17** で計算した T のことだね。よって，

与式 $= \lim\limits_{n \to \infty} \dfrac{\overset{\text{例題 17 の } T}{\boxed{\frac{1}{6}n(n+1)(n-1)}}}{n^3} = \lim\limits_{n \to \infty} \dfrac{n(n+1)(n-1)}{6n^3} \quad \left[= \dfrac{\text{3 次の} \infty}{\text{3 次の} \infty} \right]$

$\left[\dfrac{\text{同じ強さの} \infty}{\text{同じ強さの} \infty}\right]$

$= \lim\limits_{n \to \infty} \dfrac{1}{6} \cdot \dfrac{n}{n} \cdot \dfrac{n+1}{n} \cdot \dfrac{n-1}{n}$

$= \lim\limits_{n \to \infty} \dfrac{1}{6}\left(1 + \overset{0}{\boxed{\dfrac{1}{n}}}\right)\left(1 - \overset{0}{\boxed{\dfrac{1}{n}}}\right) = \dfrac{1}{6}$ だ。 $\cdots\cdots\cdots\cdots\cdots\cdots\cdots$(答)

　数列の極限にも少しは慣れてきた？　それでは，これから演習問題で，さらに鍛えていこう。最初は難しいと思うかもしれないけれど，解答＆解説をよく読んで，解法のパターンをつかみとることがコツだ。頑張ろう！

有理化による極限

次の極限値を求めよ。

(1) $\lim\limits_{n \to \infty} \left(\sqrt{4n^2 + n} - 2n \right)$ （名古屋市立大）　(2) $\lim\limits_{n \to \infty} \left(\sqrt{n + \sqrt{n}} - \sqrt{n - \sqrt{n}} \right)$

ヒント！ $\infty - \infty$ も，2つの無限大の強弱によって，収束・発散が変わる不定形なんだね。今回は，$\sqrt{} - 2n$ や $\sqrt{} - \sqrt{}$ の $\infty - \infty$ の形がきたので，分子・分母に $\sqrt{} + 2n$ や $\sqrt{} + \sqrt{}$ をかけると，うまくいく。

解答 & 解説

ココがポイント

(1) $\lim\limits_{n \to \infty} \left(\overbrace{\sqrt{4n^2 + n}}^{\infty} - \overbrace{2n}^{\infty} \right)$

$ \underset{\parallel}{\cancel{4n^2} + n - \cancel{4n^2}} = n$

$= \lim\limits_{n \to \infty} \dfrac{\left(\sqrt{4n^2 + n} - 2n \right)\left(\sqrt{4n^2 + n} + 2n \right)}{\sqrt{4n^2 + n} + 2n}$

$\Leftarrow$ これは，$\infty - \infty$ の形の不定形だね。分子・分母に $\sqrt{} + 2n$ をかけるといい。

$= \lim\limits_{n \to \infty} \dfrac{n}{\sqrt{4n^2 + n} + 2n} = \left[\dfrac{1 \text{次の} \infty \text{（同じ強さ）}}{1 \text{次の} \infty \text{（同じ強さ）}} \right]$

$\Leftarrow$ 分子・分母を n で割る。

$= \lim\limits_{n \to \infty} \dfrac{1}{\sqrt{4 + \underset{0}{\dfrac{1}{n}}} + 2} = \dfrac{1}{\sqrt{4} + 2} = \dfrac{1}{4}$ ………(答)

(2) $\lim\limits_{n \to \infty} \left(\overbrace{\sqrt{n + \sqrt{n}}}^{\infty} - \overbrace{\sqrt{n - \sqrt{n}}}^{\infty} \right)$

$ \underset{\parallel}{\cancel{n} + \sqrt{n} - \left(\cancel{n} - \sqrt{n} \right)} = 2\sqrt{n}$

$= \lim\limits_{n \to \infty} \dfrac{\left(\sqrt{n + \sqrt{n}} - \sqrt{n - \sqrt{n}} \right)\left(\sqrt{n + \sqrt{n}} + \sqrt{n - \sqrt{n}} \right)}{\sqrt{n + \sqrt{n}} + \sqrt{n - \sqrt{n}}}$

$\Leftarrow$ これも，$\infty - \infty$ の不定形で，$\sqrt{} - \sqrt{}$ の形をしているので，分子・分母に $\sqrt{} + \sqrt{}$ をかける！

$= \lim\limits_{n \to \infty} \dfrac{2\sqrt{n}}{\sqrt{n + \sqrt{n}} + \sqrt{n - \sqrt{n}}} \quad \left[= \dfrac{\frac{1}{2} \text{次の} \infty}{\frac{1}{2} \text{次の} \infty} \right]$

$\Leftarrow$ 分子・分母を $\sqrt{n}$ で割る。分母の変形を書いておくよ。

$= \lim\limits_{n \to \infty} \dfrac{2}{\sqrt{1 + \underset{0}{\dfrac{1}{\sqrt{n}}}} + \sqrt{1 - \underset{0}{\dfrac{1}{\sqrt{n}}}}}$

$\dfrac{\sqrt{n + \sqrt{n}}}{\sqrt{n}} + \dfrac{\sqrt{n - \sqrt{n}}}{\sqrt{n}}$

$= \sqrt{\dfrac{n + \sqrt{n}}{n}} + \sqrt{\dfrac{n - \sqrt{n}}{n}}$

$= \sqrt{1 + \dfrac{1}{\sqrt{n}}} + \sqrt{1 - \dfrac{1}{\sqrt{n}}}$

$= \dfrac{2}{\sqrt{1} + \sqrt{1}} = 1$ ……………………………(答)

Σ 計算による極限

| 演習問題 39 | 難易度 ★★ | CHECK 1 | CHECK 2 | CHECK 3 |

次の極限を求めよ。

$$\lim_{n \to \infty} \frac{(n+1)^2 + (n+2)^2 + (n+3)^2 + \cdots + (3n)^2}{1^2 + 2^2 + 3^2 + \cdots + (2n)^2}$$

ヒント! 分子は，$(n+1)^2 + (n+2)^2 + \cdots + (n+2n)^2$ とみて Σ 計算にもち込むんだね。分母も $1^2 + 2^2 + \cdots + (2n)^2$ だから，分母 $= \sum_{k=1}^{2n} k^2$ となるね。頑張れ！

解答 & 解説

分子 $= (n+1)^2 + (n+2)^2 + \cdots + (n+2n)^2$

だから，分子は次のように計算できる。

分子 $= \sum_{k=1}^{2n} (n+k)^2 = \sum_{k=1}^{2n} (\underbrace{n^2}_{\text{定数扱い}} + \underbrace{2n}_{\text{定数扱い}}k + k^2)$

$= \underbrace{\sum_{k=1}^{2n} \boxed{n^2}}_{2n \cdot n^2} + 2n \underbrace{\sum_{k=1}^{2n} k}_{\frac{1}{2} \cdot 2n \cdot (2n+1)} + \underbrace{\sum_{k=1}^{2n} k^2}_{\frac{1}{6} \cdot 2n \cdot (2n+1)(2 \cdot 2n+1)}$

これを定数 c とみる

$= 2n^3 + 2n^2(2n+1) + \frac{1}{3}n(2n+1)(4n+1)$

$= \frac{1}{3}n(26n^2 + 12n + 1)$

分母 $= \sum_{k=1}^{2n} k^2 = \frac{1}{6} \cdot 2n(2n+1)(2 \cdot 2n + 1)$

$= \frac{1}{3}n(8n^2 + 6n + 1)$

$\therefore$ 与式 $= \lim_{n \to \infty} \dfrac{\frac{1}{3}n(26n^2 + 12n + 1)}{\frac{1}{3}n(8n^2 + 6n + 1)}$ $\left[= \dfrac{3 \text{ 次の} \infty}{3 \text{ 次の} \infty}\right]$

$= \lim_{n \to \infty} \dfrac{26 + \dfrac{12}{n} + \dfrac{1}{n^2}}{8 + \dfrac{6}{n} + \dfrac{1}{n^2}} = \dfrac{13}{4}$ $\cdots\cdots\cdots\cdots$(答)

ココがポイント

$\Leftarrow$ $1, 2, \cdots, 2n$ と動いていくところを k とおく。

$\Leftarrow$ k は，$1, 2, \cdots, 2n$ と動く変数だけれど，n^2, $2n$ は定数として扱う！

$\Leftarrow$ 公式
$\sum_{k=1}^{n} c = nc$
$\sum_{k=1}^{n} k = \frac{1}{2}n(n+1)$
$\sum_{k=1}^{n} k^2 = \frac{1}{6}n(n+1)(2n+1)$
の n に $2n$ を代入する！

$\Leftarrow$ 分母 $= 1^2 + 2^2 + \cdots + (2n)^2$
$= \sum_{k=1}^{2n} k^2$ だね。

$\Leftarrow$ 分子・分母は $\frac{1}{3}n$ で割れる。

$\Leftarrow$ さらに，分子・分母を n^2 で割った！

§2. 無限級数は，等比型と部分分数分解型の2つだ！

　無限級数の問題に入ろう。<u>級数</u>とは，数列の和のことだから，<u>無限級数</u>とは，数列を無限にたしていった和のことなんだね。

　そして，この無限級数には次の2つのパターンがある。

$$\begin{cases} （i）\textbf{無限等比級数} & \text{（これは易しい！）} \\ （ii）\textbf{部分分数分解型の無限級数} & \text{（これはレベルの高いものもある！）} \end{cases}$$

● $\lim\limits_{n \to \infty} r^n$ はいろんなところに顔を出す！

　無限級数の解説に入る前に，$\lim\limits_{n \to \infty} r^n$ の極限について説明する。これは無限等比級数のときにも重要な役割を果たすけれど，それ以外にもいろいろな極限の計算の際に出てくるから，その対処法を正確に覚えておくといいんだね。

　この極限の基本公式を書いておくから，まず頭に入れよう。

$\lim\limits_{n \to \infty} r^n$ の基本公式

$$\lim_{n \to \infty} r^n = \begin{cases} 0 & （-1 < r < 1 \text{ のとき）} & （\text{I}） \\ 1 & （r = 1 \text{ のとき）} & （\text{II}） \\ \text{発散} & （r \leqq -1,\ 1 < r \text{ のとき）} & （\text{III}） \end{cases}$$

（I）$-1 < r < 1$ のとき，$\lim\limits_{n \to \infty} r^n$ が 0 に収束するのは，当たり前だね。

　　$r = \dfrac{1}{2}$ や $-\dfrac{1}{2}$ のとき，これを沢山かけていけば 0 に近づくからだ。

　　ここで，$-1 < r < 1$ ならば，$\lim\limits_{n \to \infty} r^{n-1} = \lim\limits_{n \to \infty} r^{2n+1} = 0$ となるのもいいね。この場合，指数部が $n-1$ や $2n+1$ となっても，r を沢山かけることに変わりはないわけだから，0 に収束する。大丈夫？

（II）$r = 1$ のとき，$\lim\limits_{n \to \infty} r^n = \lim\limits_{n \to \infty} 1^n = 1$ となるのも当たり前だね。

(Ⅲ) 次, $1<r$ のとき, $n\to\infty$ とすると, $r^n\to\infty$ と発散する。また, $r\leqq -1$ のとき, $n\to\infty$ とすると, $\oplus$, $\ominus$ の値を交互にとって振動し, $r<-1$ のとき, その絶対値を大きくしながら発散していくのも大丈夫だね。

ここで, (Ⅲ) の場合, $r=-1$ を除いた, $r<-1$, $1<r$ のとき, r の逆数 $\dfrac{1}{r}$ は, $-1<\dfrac{1}{r}<1$ となるから, 次のように覚えておくと, 公式を, より建設的に利用できる。

$\displaystyle\lim_{n\to\infty} r^n$ の応用公式

$r<-1$, $1<r$ のとき,　〔これは "なぜなら" 記号だ！〕

$$\lim_{n\to\infty}\left(\frac{1}{r}\right)^n=0 \quad \left(\because -1<\frac{1}{r}<1\right)$$

・$r<-1$ (<0) のとき, この両辺を $-r$ (>0) で割ると, $-1<\dfrac{1}{r}$ となり,
・$(0<)$ $1<r$ のとき, この両辺を r (>0) で割ると, $\dfrac{1}{r}<1$ となる。
よって, $r<-1$, $1<r$ のとき, $-1<\dfrac{1}{r}<1$ となる。大丈夫？

以上より, $\displaystyle\lim_{n\to\infty} r^n$ の問題が出てきたら, r の値により, 次の 4 通りに場合分けして解くといいんだね。

(ⅰ) $-1<r<1$　　(ⅱ) $r=1$　　(ⅲ) $r=-1$　　(ⅳ) $r<-1$, $1<r$

| このとき $\displaystyle\lim_{n\to\infty} r^n=0$ | このとき $\displaystyle\lim_{n\to\infty} r^n=1$ | このとき $\displaystyle\lim_{n\to\infty} r^n$ は -1 と 1 の値を交互にとって振動する。 | このとき $\displaystyle\lim_{n\to\infty} r^n$ は発散するけれど, $\displaystyle\lim_{n\to\infty}\left(\dfrac{1}{r}\right)^n=0$ となる。 |

こうやって, キチンと整理しておくと, 問題がスッキリ解けるようになるんだね。そして, この極限の考え方は, 次の無限等比級数で早速役に立つ。

● 等比型と部分分数分解型を押さえよう！

それでは次，無限級数の解説に入る。**無限級数の和**の問題は，次の **2** つのパターンだけだから，まずシッカリ頭に入れておこう。

無限級数の和の公式

（Ⅰ）無限等比級数の和

初項
$$\sum_{k=1}^{\infty} ar^{k-1} = a + ar + ar^2 + \cdots\cdots = \frac{\boxed{a}}{1-\boxed{r}}$$ （収束条件：$-1 < r < 1$）
公比

（Ⅱ）部分分数分解型

これについては，$\displaystyle\sum_{k=1}^{\infty} \frac{1}{k(k+1)}$ の例で示す。

（ⅰ）まず，**部分和**（初項から第 n 項までの和）S_n を求める。

$$\text{部分和 } S_n = \sum_{k=1}^{n} \frac{1}{k(k+1)} = \sum_{k=1}^{n} \left(\underbrace{\frac{1}{k}}_{I_k} - \underbrace{\frac{1}{k+1}}_{I_{k+1}} \right)$$

部分分数に分解した！

$$= \left(\frac{1}{1} - \frac{1}{2} \right) + \left(\frac{1}{2} - \frac{1}{3} \right) + \left(\frac{1}{3} - \frac{1}{4} \right) + \cdots + \left(\frac{1}{n} - \frac{1}{n+1} \right)$$

バサバサバサ…と途中の項が消えていく！

$$= 1 - \frac{1}{n+1}$$

（ⅱ）$n \to \infty$ として，無限級数の和を求める。

$$\therefore \text{無限級数の和 } \lim_{n \to \infty} S_n = \lim_{n \to \infty} \left(1 - \overset{0}{\boxed{\frac{1}{n+1}}} \right) = 1 \text{ となって答えだ！}$$

（Ⅰ）無限等比級数の場合，部分和 S_n を求めると，$r \neq 1$ のとき公式から，

$$S_n = \sum_{k=1}^{n} ar^{k-1} = \frac{a(1 - \overset{0}{\boxed{r^n}})}{1-r}$$ だね。ここで，収束条件：$\underline{-1 < r < 1}$ を r

がみたせば，$n \to \infty$ のとき $\underline{r^n \to 0}$ となるから，無限等比級数の和は，

部分和を求めることなく，$\displaystyle\sum_{k=1}^{\infty} ar^{k-1} = \frac{a}{1-r}$ と，簡単に結果が出せる。

無限等比級数の場合は，収束条件さえみたせば，アッという間に答え

が出せるんだね。

(Ⅱ) 部分分数分解型の問題では，例で示したように，まず (ⅰ) 部分和 S_n を求めて，(ⅱ) $n \to \infty$ にして無限級数の和を求める，という 2 つの手順を踏んで解くんだ。

一般に部分分数分解型の部分和は，

$\displaystyle\sum_{k=1}^{n}(I_k - I_{k+1})$，$\displaystyle\sum_{k=1}^{n}(I_{k+1} - I_k)$ や $\displaystyle\sum_{k=1}^{n}(I_k - I_{k+2})$ など，さまざまなヴァリエーションがあって，難関大が好んで出題してくる。それでは，この型の例題をさらに 2 つ挙げておくから，慣れてくれ。

(ⅰ) $\displaystyle\sum_{k=1}^{n}\dfrac{1}{k(k+2)} = \dfrac{1}{2}\sum_{k=1}^{n}\left(\underbrace{\dfrac{1}{k}}_{I_k} - \underbrace{\dfrac{1}{k+2}}_{I_{k+2}}\right)$ ← 部分分数に分解した！

$\qquad = \dfrac{1}{2}\left\{\left(\dfrac{1}{1} - \dfrac{1}{3}\right) + \left(\dfrac{1}{2} - \dfrac{1}{4}\right) + \left(\dfrac{1}{3} - \dfrac{1}{5}\right) + \left(\dfrac{1}{4} - \dfrac{1}{6}\right) + \cdots\right.$

初めの 2 項と最後の 2 項が残った！

$\qquad \left.\cdots + \left(\dfrac{1}{n-1} - \dfrac{1}{n+1}\right) + \left(\dfrac{1}{n} - \dfrac{1}{n+2}\right)\right\}$

$\qquad = \dfrac{1}{2}\left(1 + \dfrac{1}{2} - \dfrac{1}{n+1} - \dfrac{1}{n+2}\right) = \dfrac{1}{2}\left(\dfrac{3}{2} - \dfrac{1}{n+1} - \dfrac{1}{n+2}\right)$

(ⅱ) $\displaystyle\sum_{k=1}^{n}\dfrac{1}{\sqrt{k+1}+\sqrt{k}} = \sum_{k=1}^{n}\dfrac{\sqrt{k+1}-\sqrt{k}}{\left(\sqrt{k+1}+\sqrt{k}\right)\left(\sqrt{k+1}-\sqrt{k}\right)}$ ← 分母の有理化 $k+1-k=1$

$\qquad = \displaystyle\sum_{k=1}^{n}\left(\underbrace{\sqrt{k+1}}_{I_{k+1}} - \underbrace{\sqrt{k}}_{I_k}\right)$ ← 部分分数分解型！ $= -\displaystyle\sum_{k=1}^{n}\left(\sqrt{k} - \sqrt{k+1}\right)$

$\qquad = -\left\{\left(\sqrt{1} - \sqrt{2}\right) + \left(\sqrt{2} - \sqrt{3}\right) + \left(\sqrt{3} - \sqrt{4}\right) + \cdots\cdots + \left(\sqrt{n} - \sqrt{n+1}\right)\right\}$

$\qquad = -\left(1 - \sqrt{n+1}\right) = \sqrt{n+1} - 1$

(ⅱ) の I_k，I_{k+1} は分数ではないけれど，途中がバサバサバサッと消えてくパターンは同じだから，部分分数分解型の Σ 計算と言える。納得いった？

演習問題 40 　難易度 ★★ 　CHECK 1 　CHECK 2 　CHECK 3

関数 $f(x) = \lim\limits_{n\to\infty} \dfrac{x^{2n+1}+1}{x^{2n}+1}$ のグラフを，xy 平面上に描け。 （日本大 ＊）

ヒント！ $\lim\limits_{n\to\infty} r^n$ のパターンの問題で，r の代わりに x が来ただけだ。だから，(i) $-1 < x < 1$, (ii) $x = 1$, (iii) $x = -1$, (iv) $x < -1$, $1 < x$ の4つに場合分けすればいいんだね。

解答＆解説

(i) $\underline{-1 < x < 1}$ のとき，

$$f(x) = \lim_{n\to\infty} \frac{\overbrace{x^{2n+1}}^{0}+1}{\underbrace{x^{2n}}_{0}+1} = \frac{0+1}{0+1} = 1$$

(ii) $\underline{x = 1}$ のとき，

$$f(1) = \lim_{n\to\infty} \frac{\overbrace{1^{2n+1}}^{1}+1}{\underbrace{1^{2n}}_{1}+1} = \frac{1+1}{1+1} = 1$$

(iii) $\underline{x = -1}$ のとき，

$$f(-1) = \lim_{n\to\infty} \frac{\overbrace{(-1)^{2n+1}}^{-1}+1}{\underbrace{(-1)^{2n}}_{1}+1} = \frac{-1+1}{1+1} = 0$$

(iv) $\underline{x < -1,\ 1 < x}$ のとき， 分子・分母を x^{2n} で割った！

$$f(x) = \lim_{n\to\infty} \frac{x^{2n+1}+1}{x^{2n}+1} = \lim_{n\to\infty} \frac{x + \overbrace{\left(\left(\frac{1}{x}\right)^{2n}\right)}^{0}}{1 + \underbrace{\left(\left(\frac{1}{x}\right)^{2n}\right)}_{0}} = x$$

以上 (i) ～ (iv) より，求める関数 $f(x)$ は，

$$f(x) = \begin{cases} 1 & (-1 < x \leq 1) & \leftarrow (\text{i})(\text{ii}) \\ 0 & (x = -1) & \leftarrow (\text{iii}) \\ x & (x < -1,\ 1 < x) & \leftarrow (\text{iv}) \end{cases}$$

よって，関数 $y = f(x)$ のグラフを右に示す。

………(答)

$x = 1$ では連続だけれど，$x = -1$ では不連続なグラフになったね。

ココがポイント

⇦ (i) $-1 < x < 1$ のとき，
$\lim\limits_{n\to\infty} x^{2n+1} = \lim\limits_{n\to\infty} x^{2n} = 0$

⇦ (ii) $x = 1$ のとき，
$\lim\limits_{n\to\infty} 1^{2n+1} = \lim\limits_{n\to\infty} 1^{2n} = 1$

⇦ (iii) $x = -1$ のとき，
$\lim\limits_{n\to\infty} (-1)^{\overset{\text{奇数}}{2n+1}} = -1$
$\lim\limits_{n\to\infty} (-1)^{\overset{\text{偶数}}{2n}} = 1$

⇦ (iv) $x < -1,\ 1 < x$ のとき，
$\lim\limits_{n\to\infty} \left(\frac{1}{x}\right)^{2n} = 0$

図 $y = f(x)$ のグラフ

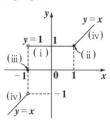

無限等比級数

式の値 $2.\dot{0}2\dot{9} - 1.\dot{4}7\dot{3}$ を分数で表せ。　　　　　　　　（大阪経大＊）

ヒント!　無限循環小数 $0.\dot{0}2\dot{9}$ と $0.\dot{4}7\dot{3}$ は，それぞれ，

$0.\dot{0}2\dot{9} = 0.029029029\cdots = 0.029 + 0.000029 + 0.000000029 + \cdots$

$0.\dot{4}7\dot{3} = 0.473473473\cdots = 0.473 + 0.000473 + 0.000000473 + \cdots$

のことなので，無限等比級数の問題に帰着するんだね。

解答＆解説　　　　　　　　　　　　　　　　**ココがポイント**

$2.\dot{0}2\dot{9} - 1.\dot{4}7\dot{3} = 2 - 1 + 0.\dot{0}2\dot{9} - 0.\dot{4}7\dot{3}$

$\qquad\qquad\quad = 1 + \underset{(\text{i})}{\underset{\sim}{0.\dot{0}2\dot{9}}} - \underset{(\text{ii})}{\underline{\underline{0.\dot{4}7\dot{3}}}}\ \cdots① \quad となる。$

ここで，

(i) $0.\dot{0}2\dot{9} = 0.029029029\cdots$

$\quad = \underset{a}{\underline{\underline{0.029}}} + \underset{a}{\underline{\underline{0.029}}} \times \underset{r}{\underline{\underline{\frac{1}{10^3}}}} + \underset{a}{\underline{\underline{0.029}}} \times \underset{r^2}{\underline{\underline{\left(\frac{1}{10^3}\right)^2}}} + \cdots$ ⟵ 初項 $a = 0.029$，

$\quad = \dfrac{0.029}{1 - \dfrac{1}{10^3}} = \dfrac{29}{999}$ ← 分子・分母に 10^3 をかけた。

公比 $r = \dfrac{1}{1000}$ の無限等比

級数で，収束条件

$-1 < r < 1$ をみたすので，

$\dfrac{a}{1-r} = \dfrac{0.029}{1 - \dfrac{1}{10^3}}$

(ii) $0.\dot{4}7\dot{3} = 0.473473473\cdots$

$\quad = \underset{a}{\underline{\underline{0.473}}} + \underset{a}{\underline{\underline{0.473}}} \times \underset{r}{\underline{\underline{\frac{1}{10^3}}}} + \underset{a}{\underline{\underline{0.473}}} \times \underset{r^2}{\underline{\underline{\left(\frac{1}{10^3}\right)^2}}} + \cdots$ ⟵ 初項 $a = 0.473$，

$\quad = \dfrac{0.473}{1 - \dfrac{1}{10^3}} = \dfrac{473}{999}$ ← 分子・分母に 10^3 をかけた。

公比 $r = \dfrac{1}{1000}$ の無限等比

級数で，収束条件

$-1 < r < 1$ をみたすので，

$\dfrac{a}{1-r} = \dfrac{0.473}{1 - \dfrac{1}{10^3}}$

以上 (i)(ii) の結果を①に代入して，

$2.\dot{0}2\dot{9} - 1.\dot{4}7\dot{3} = 1 + \dfrac{29}{999} - \dfrac{473}{999}$

⟵ $\dfrac{29 - 473}{999} = -\dfrac{444}{999}$

$\qquad\qquad\quad = 1 - \dfrac{444}{999} = 1 - \dfrac{4}{9} = \dfrac{5}{9}$ ………(答)

$= -\dfrac{4 \times \cancel{111}}{9 \times \cancel{111}} = -\dfrac{4}{9}$

部分分数分解型の無限級数

次の無限級数の和を求めよ。

$$\sum_{n=2}^{\infty} \frac{\log_2\left(1+\dfrac{1}{n}\right)}{\log_2 n \cdot \log_2(n+1)} \quad (\text{ただし, } \lim_{m \to \infty} \log_2(m+1) = \infty \text{である。})$$

（明治大）

ヒント! 与式の分子を $\log_2 \dfrac{n+1}{n} = \log_2(n+1) - \log_2 n$ と変形すると，これは部分分数分解型の無限級数になるのがわかるはずだ。

解答&解説

分子 $= \log_2\left(1+\dfrac{1}{n}\right) = \log_2\left(\dfrac{n+1}{n}\right)$

$\quad = \log_2(n+1) - \log_2 n$

よって，第 2 項から第 m 項までの部分和 S_m は，

$$S_m = \sum_{n=2}^{m} \frac{\log_2(n+1) - \log_2 n}{\log_2 n \cdot \log_2(n+1)}$$

$$= \sum_{n=2}^{m}\left\{\overbrace{\left(\frac{1}{\log_2 n}\right)}^{I_n} - \overbrace{\left(\frac{1}{\log_2(n+1)}\right)}^{I_{n+1}}\right\}$$

$$= \left(\frac{1}{\log_2 2} - \frac{1}{\log_2 3}\right) + \left(\frac{1}{\log_2 3} - \frac{1}{\log_2 4}\right)$$

$$+ \left(\frac{1}{\log_2 4} - \frac{1}{\log_2 5}\right) + \cdots + \left\{\frac{1}{\log_2 m} - \frac{1}{\log_2(m+1)}\right\}$$

$$= \underset{1}{\underbrace{\frac{1}{\log_2 2}}} - \frac{1}{\log_2(m+1)} = 1 - \frac{1}{\log_2(m+1)}$$

∴ 求める無限級数の和は，

与式 $= \lim_{m \to \infty} S_m$

$$= \lim_{m \to \infty}\left\{1 - \overbrace{\underbrace{\left(\frac{1}{\log_2(m+1)}\right)}_{\infty}}^{0}\right\} = 1 \quad \cdots\cdots(\text{答})$$

ココがポイント

⇦ 部分分数分解型の Σ 計算のパターンだね。

⇦ バサバサッと，途中の項が全部消せる！

⇦ 部分分数分解型では，
(i) まず，部分和 S_m を求める。
(ii) $m \to \infty$ として，無限級数の和を求める。
この 2 つのステップで解くんだね。

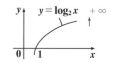

$\lim_{n\to\infty} a_n = 0$ と $\lim_{n\to\infty} S_n$ の問題

演習問題 43	難易度 ★★	CHECK 1	CHECK2	CHECK3

$a_n = \dfrac{1}{\sqrt{n}}$ とおく。数列 $\{a_n\}$ の部分和 $S_n = \displaystyle\sum_{k=1}^{n} a_k$ $(n = 1, 2, \cdots)$ について, 無限級数 $\lim_{n\to\infty} S_n$ が発散することを示せ。

レクチャー 無限級数と数列の極限について, 次の命題が成り立つことを覚えておくといいよ。

$$\underbrace{\lim_{n\to\infty} S_n = S}_{S\text{ に収束}} \text{ ならば } \lim_{n\to\infty} a_n = 0$$

これは, $n \to \infty$ のとき, S_n が発散せずにある値 S に収束するならば, a_n は必ず限りなく 0 に近づくと言っている。

しかし, この逆は成り立つとは限らない。つまり, $\lim_{n\to\infty} a_n = 0$ だけれども, $\lim_{n\to\infty} S_n$ がある極限値 S に収束しない場合もあるんだね。今回の問題が, この典型的な例で, $\lim_{n\to\infty} a_n = \lim_{n\to\infty} \dfrac{1}{\sqrt{n}} = 0$ だけれど, $\lim_{n\to\infty} S_n$ は無限大に発散する。この証明法をマスターしよう!

解答&解説

数列の部分和 S_n は,

$$S_n = a_1 + a_2 + a_3 + \cdots\cdots + a_n$$

$$= \frac{1}{\sqrt{1}} + \frac{1}{\sqrt{2}} + \frac{1}{\sqrt{3}} + \cdots\cdots + \frac{1}{\sqrt{n}}$$

$$> \underbrace{\frac{1}{\sqrt{n}} + \frac{1}{\sqrt{n}} + \frac{1}{\sqrt{n}} + \cdots\cdots + \frac{1}{\sqrt{n}}}_{\boxed{n}\text{ 項の和}}$$

$$= \boxed{n} \cdot \frac{1}{\sqrt{n}} = \sqrt{n}$$

よって, $S_n > \sqrt{n}$

ここで, $n \to \infty$ にすると,

$$\lim_{n\to\infty} S_n > \lim_{n\to\infty} \sqrt{n} = \infty$$

$\therefore \lim_{n\to\infty} S_n = \infty$ となって, 発散する。……………(終)

ココがポイント

⇦命題:
"$\lim_{n\to\infty} a_n = 0$ ならば
$\qquad \lim_{n\to\infty} S_n = S$"
は成り立たない(偽である)んだよ。この命題の反例として, $a_n = \dfrac{1}{\sqrt{n}}$ を覚えておくといい。

⇦ $\lim_{n\to\infty} S_n$ が, ∞より大きいということは, つまり, $\lim_{n\to\infty} S_n = \infty$ だ。

数列の無限級数

数列 $\{x_n\}$ と $\{y_n\}$ が次のように定められている。

$$\begin{cases} x_n = n \cdot 2^{n-1} & \cdots\cdots\cdots\cdots\cdots\cdots ① \\ y_n = \sum_{k=1}^{n} k \cdot 2^{k-1}(n-k+1) & \cdots\cdots ② \quad (n=1, 2, 3, \cdots) \end{cases}$$

(1) $\{x_n\}$ の初項から第 n 項までの和 S_n を求め，極限 $\lim_{n \to \infty} \dfrac{S_n}{n \cdot 2^n}$ を求めよ。

(2) $\{y_n\}$ の一般項 y_n を n の式で表し，極限 $\lim_{n \to \infty} \dfrac{y_n}{n \cdot 2^n}$ を求めよ。

ヒント！ (1) x_n は等差数列と等比数列の積より，この級数和 S_n は，$S_n - 2 \cdot S_n$ (2: 等比数列の公比) として求めよう。(2) では，$y_n = \sum_{k=1}^{n} x_k \cdot (n-k+1) = (n+1)S_n - \sum_{k=1}^{n} k x_k$ として，この $\sum_{k=1}^{n} k x_k$ を T_n とおくと，$T_n = \sum_{k=1}^{n} k^2 \cdot 2^{k-1}$ より，$T_n - 2T_n$ の計算を 2 回行って求めることになる。

解答＆解説

(1) $x_n = n \cdot 2^{n-1}$ ……① $(n=1, 2, 3, \cdots)$ より，

　　　等差数列　等比数列

この級数和 S_n は，

$$\begin{cases} S_n = 1 \cdot 1 + 2 \cdot 2 + 3 \cdot 2^2 + 4 \cdot 2^3 + \cdots + n \cdot 2^{n-1} & \cdots\cdots\cdots\cdots\cdots ③ \\ 2 \cdot S_n = \quad\quad 1 \cdot 2 + 2 \cdot 2^2 + 3 \cdot 2^3 + \cdots + (n-1) \cdot 2^{n-1} + n \cdot 2^n & \cdots\cdots ④ \end{cases}$$

③－④より，

$$-S_n = \underbrace{1 + 2 + 2^2 + 2^3 + \cdots + 2^{n-1}}_{} - n \cdot 2^n$$

これは初項 $a=1$，公比 $r=2$，項数 n の等比数列の和

$-S_n = -(1-2^n) - n \cdot 2^n$　両辺に -1 をかけて，

$S_n = 1 - 2^n + n \cdot 2^n = (n-1) \cdot 2^n + 1$ ……⑤ である。

　　　　　　　　　　　　　　　　　　　　　　　……(答)

よって，求める極限は，

$$\lim_{n \to \infty} \frac{S_n}{n \cdot 2^n} = \lim_{n \to \infty} \frac{(n-1) \cdot 2^n + 1}{n \cdot 2^n}$$

$$= \lim_{n \to \infty} \left(1 - \underbrace{\frac{1}{n}}_{0} + \underbrace{\frac{1}{n \cdot 2^n}}_{0} \right) = 1 \quad \cdots\cdots\cdots (答)$$

ココがポイント

$\Leftarrow$ S_n は，$S_n - 2 \cdot S_n$ から

　　等比数列の公比

　求めるとよい。

$\Leftarrow$ $\dfrac{a \cdot (1-r^n)}{1-r} = \dfrac{1 \cdot (1-2^n)}{1-2}$

　　　　$= -(1-2^n)$

(2) ②式を変形して，

$$y_n = \sum_{k=1}^{n} \underbrace{k \cdot 2^{k-1}}_{\boxed{x_k}} \overbrace{(n+1-k)}$$

$$\underbrace{\text{∑計算で変化するのは } k \text{ より，これは定数扱い}}$$

$$= (n+1) \underbrace{\sum_{k=1}^{n} x_k}_{\boxed{S_n = (n-1) \cdot 2^n + 1}} - \underbrace{\sum_{k=1}^{n} k^2 2^{k-1}}_{\boxed{T_n \text{ とおく}}} \quad \cdots\cdots ②'$$

ここで，$T_n = \sum_{k=1}^{n} \underbrace{k^2}_{\boxed{\text{等差数列の } 2 \text{ 乗}}} \cdot \underbrace{2^{k-1}}_{\boxed{\text{等比数列}}}$ とおくと，

⇦ 今回は，$k^2 \cdot 2^{k-1}$ より，
$T_n - 2T_n = -T_n$ を
$\boxed{\text{公比}}$
求めた後，さらに，
$-T_n - \underset{\boxed{\text{公比}}}{2} \cdot (-T_n)$ の計算
をして，等比数列の和を
導き出す。

$$\begin{cases} T_n = 1^2 \cdot 1 + 2^2 \cdot 2 + 3^2 \cdot 2^2 + 4^2 \cdot 2^3 + \cdots + n^2 \cdot 2^{n-1} & \cdots\cdots\cdots\cdots ⑥ \\ 2T_n = \quad\quad 1^2 \cdot 2 + 2^2 \cdot 2^2 + 3^2 \cdot 2^3 + \cdots + (n-1)^2 \cdot 2^{n-1} + n^2 \cdot 2^n & \cdots\cdots ⑦ \end{cases}$$

⑥－⑦より，

$$\begin{cases} -T_n = 1 + 3 \cdot 2 + 5 \cdot 2^2 + 7 \cdot 2^3 + \cdots + (2n-1) \cdot 2^{n-1} - n^2 \cdot 2^n & \cdots\cdots\cdots\cdots ⑧ \\ -2T_n = \quad 1 \cdot 2 + 3 \cdot 2^2 + 5 \cdot 2^3 + \cdots + (2n-3) \cdot 2^{n-1} + (2n-1) \cdot 2^n - n^2 \cdot 2^{n+1} & \cdots ⑨ \end{cases}$$

⑧－⑨より，

$$T_n = 1 + 2\underbrace{(2 + 2^2 + 2^3 + \cdots + 2^{n-1})}_{} - n^2 \cdot 2^n - (2n-1) \cdot 2^n + n^2 \cdot 2^{n+1}$$

⇦ $-n^2 \cdot 2^n - (2n-1) \cdot 2^n$
$\quad + 2n^2 \cdot 2^n$
$= (n^2 - 2n + 1) \cdot 2^n$

$$\boxed{\text{初項 } a = 2, \text{ 公比 } r = 2, \text{ 項数 } n-1 \text{ より，} \\ \frac{a \cdot (1 - r^{n-1})}{1 - r} = \frac{2 \cdot (1 - 2^{n-1})}{1 - 2} = 2^n - 2}$$

$$= 1 + 2 \cdot \underbrace{(2^n - 2)} + (n^2 - 2n + 1) \cdot 2^n$$

$$\therefore T_n = -3 + (n^2 - 2n + 3) \cdot 2^n \quad \cdots\cdots ⑩ \quad \text{となる。}$$

⑤と⑩を②´に代入して，y_n を求めると，

$$y_n = (n+1) \cdot \{(n-1) \cdot 2^n + 1\} - \{-3 + (n^2 - 2n + 3) \cdot 2^n\}$$

⇦ $y_n = (n^2 - 1) \cdot 2^n + n + 1 + 3$
$\quad - (n^2 - 2n + 3) \cdot 2^n$
$= (2n - 4) \cdot 2^n + n + 4$
$= (n-2) \cdot 2^{n+1} + n + 4$

$$= (n-2) \cdot 2^{n+1} + n + 4 \quad \text{である。}\cdots\cdots⑪ \quad\cdots\cdots(答)$$

⑪より，求める極限は，

$$\lim_{n \to \infty} \frac{y_n}{n \cdot 2^n} = \lim_{n \to \infty} \frac{(n-2) \cdot 2^{n+1} + n + 4}{n \cdot 2^n}$$

$$= \lim_{n \to \infty} \left\{ \left(1 - \frac{2}{n}\right) \cdot 2 + \frac{1}{2^n} + \frac{4}{n \cdot 2^n} \right\} = 2$$

である。$\cdots\cdots\cdots\cdots\cdots\cdots\cdots\cdots\cdots\cdots\cdots\cdots\cdots$(答)

数列の極限と複素数・ベクトル

演習問題 45	難易度 ★★★	CHECK 1	CHECK 2	CHECK 3

右図のように，複素数平面上の原点 0
を P_0 とおき，P_0 から実軸の正の向きに
3 進んだ点を P_1 とする。
以下，点 $P_n(n=1, 2, 3, \cdots)$ に進んだ後，
正の向きに (反時計回り) に $90°$ 回転し
て，前回進んだ距離の $\dfrac{2}{3}$ 倍進んで到達

する点を P_{n+1} とする。このとき，極限 $\lim\limits_{n\to\infty} P_n$ の表す点を求めよ。

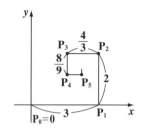

ヒント! $\overrightarrow{P_0P_n} = \overrightarrow{P_0P_1} + \overrightarrow{P_1P_2} + \overrightarrow{P_2P_3} + \cdots + \overrightarrow{P_{n-1}P_n}$ として，$\overrightarrow{P_0P_1}$, $\overrightarrow{P_1P_2}$, $\overrightarrow{P_2P_3}$, $\cdots$, $\overrightarrow{P_{n-1}P_n}$ をベクトルの成分表示の代わりに複素数で表すと，回転と相似の合成変換の形が見えてくるんだね。難関大でも頻出典型問題なので，是非マスターしよう！

解答＆解説

まわり道の原理より，

$\overrightarrow{P_0P_n} = \overrightarrow{P_0P_1} + \overrightarrow{P_1P_2} + \overrightarrow{P_2P_3} + \cdots + \overrightarrow{P_{n-1}P_n}$ ……① となる。

ここで，$\overrightarrow{P_0P_1} = (3, 0)$ の成分表示を複素数平面上の
複素数と考えると，

$\overrightarrow{P_0P_1} = (3, 0) = 3 + 0 \cdot i = 3$ ……② となる。

次に，$\overrightarrow{P_1P_2}$ は $\overrightarrow{P_0P_1}$ を原点 0 のまわりに $90°$ だけ回転
して，$\dfrac{2}{3}$ 倍に縮小したものなので，この操作を表す複
素数を α とおくと，

$\alpha = \dfrac{2}{3}(\underbrace{\cos 90°}_{(0)} + i\underbrace{\sin 90°}_{(1)}) = \dfrac{2}{3}i$ となる。

$\therefore \overrightarrow{P_1P_2} = \alpha \cdot \underbrace{\overrightarrow{P_0P_1}}_{(3)} = 3\alpha$ ……③ となる。

さらに，$\overrightarrow{P_2P_3}$ も $\overrightarrow{P_1P_2}$ を原点のまわりに $90°$ だけ回転

ココがポイント

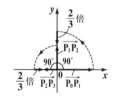

して，$\dfrac{2}{3}$ 倍に縮小したものなので，

$\overrightarrow{P_2P_3} = \alpha \cdot \underbrace{\overrightarrow{P_1P_2}}_{3\alpha\ (③より)} = 3\alpha^2$ ……④ となる。以下同様に，

$\overrightarrow{P_3P_4} = \alpha \cdot \overrightarrow{P_2P_3} = 3\alpha^3$ ……⑤

$\overrightarrow{P_4P_5} = \alpha \cdot \overrightarrow{P_3P_4} = 3\alpha^4$ ……⑥

$\cdots\cdots\cdots\cdots\cdots\cdots\cdots\cdots\cdots\cdots$

$\overrightarrow{P_{n-1}P_n} = \alpha \cdot \overrightarrow{P_{n-2}P_{n-1}} = 3\alpha^{n-1}$ ……⑦ となる。

以上②，③，④，⑤，⑥，…⑦を①に代入して，

$\overrightarrow{P_0P_n} = 3 + 3\alpha + 3\alpha^2 + 3\alpha^3 + 3\alpha^4 + \cdots + 3\alpha^{n-1}$

$\qquad = 3(\underline{1 + \alpha + \alpha^2 + \alpha^3 + \alpha^4 + \cdots + \alpha^{n-1}})$

$\qquad = 3 \cdot \dfrac{1-\alpha^n}{1-\alpha}$ ……⑧ となる。

$\Leftarrow$ $1 + \alpha + \alpha^2 + \cdots + \alpha^{n-1}$ は，初項 $a=1$，公比 $r=\alpha$，項数 n の等比数列の和より，

$\dfrac{a(1-r^n)}{1-r} = \dfrac{1-\alpha^n}{1-\alpha}$

ここで，$|\alpha| = \left|\dfrac{2}{3}i\right| = \dfrac{2}{3}$ より，

$\displaystyle\lim_{n\to\infty}|\alpha^n| = \lim_{n\to\infty}|\alpha|^n = \lim_{n\to\infty}\left(\dfrac{2}{3}\right)^n = 0$ となる。

よって，$n\to\infty$ のときの⑧の極限は，

$\displaystyle\lim_{n\to\infty}\overrightarrow{P_0P_n} = \lim_{n\to\infty}\dfrac{3(1-\overset{0}{\boxed{\alpha^n}})}{1-\alpha} = \dfrac{3}{1-\alpha}$

$\qquad = \dfrac{3}{1-\dfrac{2}{3}i} = \dfrac{27}{13} + \dfrac{18}{13}i$ となる。

$\Leftarrow$ $\dfrac{3}{1-\alpha} = \dfrac{3}{1-\dfrac{2}{3}i}$

$= \dfrac{9}{3-2i} = \dfrac{9(3+2i)}{(3-2i)(3+2i)}$

$= \dfrac{27+18i}{9+4} = \dfrac{27}{13} + \dfrac{18}{13}i$

以上より，点 P_n が $n\to\infty$ のときに近づく極限点は，

$\displaystyle\lim_{n\to\infty}P_n = \left(\dfrac{27}{13},\ \dfrac{18}{13}\right)$ である。……………………(答)

（この極限を表すグラフが，ラーメンの器の縁の模様に似ているので，この種の問題を
"ラーメンの器の縁の模様問題" とでも名付けたかったんだけれど，やっぱり長過ぎ
るので，この命名は断念した。(残念!)）

§3. 漸化式と極限は, 刑事コロンボ型までマスターしよう!

それでは, 数列の極限のメイン・テーマ "**漸化式と極限**" の解説に入ろう。
この漸化式と極限は, 受験でも最頻出分野の 1 つなので, いろんな解法の
パターンを詳しく教えるから, 君達も是非マスターしてくれ。ここがマス
ターできると, 数学が本当に面白くなってくるはずだ。
一般に, 漸化式の極限の問題は, 次の手順に従って解く。

$$\begin{cases} (\text{i}) \text{ 漸化式を解いて, 一般項 } a_n \text{ を求める。} \\ (\text{ii}) \lim_{n \to \infty} a_n \text{ の極限を計算する。} \end{cases}$$

ここではさらに, 一般項 a_n が求まらない場合の $\lim_{n \to \infty} a_n$ の問題 (通称 "刑
事コロンボ型問題") についても, 詳しく説明するから, 楽しみにしてくれ。

● 階差数列型の漸化式からスタートだ!

漸化式とは, 第一義的には a_n と a_{n+1} との間の関係式のことで, これか
ら一般項 a_n を求めることを, "**漸化式を解く**" というんだね。

まず, 一番簡単な (i) 等差数列, (ii) 等比数列の場合の漸化式と, そ
の解である一般項 a_n を書いておくから, まず確認しておこう。

(1) 等差数列型	**(2) 等比数列型**
公差 漸化式 : $a_{n+1} = a_n + \boxed{d}$	公比 漸化式 : $a_{n+1} = \boxed{r} a_n$
のとき, $a_n = a_1 + (n-1)d$	のとき, $a_n = a_1 \cdot r^{n-1}$

これらは, 単純だから大丈夫だね。ただし, (2) の等比数列型の漸化式は,
この後, 重要な役割を演じるので, シッカリ覚えておこう。

それでは次, 階差数列型漸化式とその解を書いておく。これも, 数学 B
で既に学習している内容だけれど, 復習も兼ねてもう一度ここで書いてお
く。階差数列型漸化式の解法では, a_n は $n \geqq 2$ でしか定義できないので,
$n = 1$ のときのチェックも忘れないようにしよう!

(3) 階差数列型

漸化式：$a_{n+1} - a_n = b_n$

のとき，$n \geq 2$ で，

$$a_n = a_1 + \sum_{k=1}^{n-1} b_k$$

$n = 1$ のとき，　　$a_2 - a_1 = b_1$
$n = 2$ のとき，　　$a_3 - a_2 = b_2$
$n = 3$ のとき，　　$a_4 - a_3 = b_3$
....
$n = n-1$ のとき，$\underline{a_n - a_{n-1} = b_{n-1}}$ (+
　　　　　　　　$a_n - a_1 = b_1 + b_2 + \cdots + b_{n-1}$
$\therefore n \geq 2$ のとき，$a_n = a_1 + \sum_{k=1}^{n-1} b_k$ となる！

◆例題 19 ◆

数列 $\{a_n\}$ が次のように定義されるとき，$\displaystyle\lim_{n \to \infty} a_n$ を求めよ。

$$a_1 = 0, \quad a_{n+1} - a_n = \frac{1}{2^n} \quad \cdots\cdots① \quad (n = 1, 2, 3, \cdots)$$

解答

$a_1 = 0, \quad a_{n+1} - a_n = \boxed{\dfrac{1}{2^n}}^{b_n}$ 　　これは，階差数列型の漸化式だから，

$n \geq 2$ で，

$$a_n = \overset{0}{\boxed{a_1}} + \sum_{k=1}^{n-1} \overset{b_k}{\boxed{\dfrac{1}{2^k}}}$$

$\dfrac{1}{2} + \dfrac{1}{2^2} + \dfrac{1}{2^3} + \cdots + \dfrac{1}{2^{n-1}}$ より，初項 $a = \dfrac{1}{2}$，公比 $r = \dfrac{1}{2}$，
項数 $\boxed{n-1}$ 項の等比数列の和だ！

$$= 0 + \frac{\dfrac{1}{2}\left\{1 - \left(\dfrac{1}{2}\right)^{\boxed{n-1}}\right\}}{1 - \dfrac{1}{2}} \quad \left[= \frac{a(1 - r^{\boxed{n-1}})}{1 - r}\right]$$

階差数列型では $n \geq 2$ のときしか定義できないので，$n = 1$ のときのチェックを必ずする！

(i) 一般項 a_n を求めた！

$$\therefore a_n = 1 - \left(\frac{1}{2}\right)^{n-1} \quad (\text{これは，} n = 1 \text{ のとき，} a_1 = 0 \text{ となってみたす。})$$

よって，求める極限は，

$$\lim_{n \to \infty} a_n = \lim_{n \to \infty}\left\{1 - \overset{0}{\boxed{\left(\frac{1}{2}\right)^{n-1}}}\right\} = 1 \quad \text{(ii) 極限 } \lim_{n \to \infty} a_n \text{ を求めた！}$$

となって答えだ！　納得いった？

● $F(n+1) = r \cdot F(n)$ が，漸化式をスッキリ解く鍵だ！

これから，さまざまな漸化式を解いていく上で，一番大切な話をしよう。ボクはこれを，"**等比関数列型**"の漸化式と呼んでいるんだけれど，これは等比数列型の漸化式と対比すると，まったく同じ構造になっていることに気付くはずだ。

◆等比数列型◆

$a_{n+1} = r \cdot a_n$ のとき
$a_n = a_1 \cdot r^{n-1}$

◆等比関数列型◆

$F(n+1) = r \cdot F(n)$ のとき
$F(n) = F(1) \cdot r^{n-1}$

> これは非常に重要だ！

この等比関数列型の漸化式とその解について，例で示しておこう。特に，（例3）はわかりづらいかも知れないけれど，よく見て，"**等比関数列型**"の漸化式の解法パターンを，シッカリ頭にたたき込んでくれ。

（例1）

$\underbrace{a_{n+1} - 2}_{n+1 \text{ の式}} = 3\underbrace{(a_n - 2)}_{n \text{ の式}}$

$[\ \underline{F(n+1)} = 3 \cdot \underline{F(n)}\ ]$

このとき，

$\underbrace{a_n - 2}_{n \text{ の式：一般項}} = \underbrace{(a_1 - 2)}_{1 \text{ の式：初項}} 3^{n-1}$

$[\ \underline{F(n)} = \underline{F(1)} \cdot 3^{n-1}\ ]$

（例2）

$\underbrace{a_{n+1} + b_{n+1}}_{n+1 \text{ の式}} = 2\underbrace{(a_n + b_n)}_{n \text{ の式}}$

$[\ \underline{F(n+1)} = 2 \cdot \underline{F(n)}\ ]$

このとき，

$\underbrace{a_n + b_n}_{n \text{ の式：一般項}} = \underbrace{(a_1 + b_1)}_{1 \text{ の式：初項}} 2^{n-1}$

$[\ \underline{F(n)} = \underline{F(1)} \cdot 2^{n-1}\ ]$

（例3）

$\underbrace{a_{\overset{(n+2)}{\underset{(n+1)+1 \text{ とみる！}}{}}} - a_{n+1}}_{n+1 \text{ の式}} = 5\underbrace{(a_{n+1} - a_n)}_{n \text{ の式}}$

$[\ \underline{F(n+1)} = 5 \cdot \underline{F(n)}\ ]$

このとき，

$\underbrace{a_{n+1} - a_n}_{\text{一般項}} = \underbrace{(a_{\overset{2}{1+1}} - a_1)}_{\text{初項}} 5^{n-1}$

$[\ \underline{F(n)} = \underline{F(1)} \cdot 5^{n-1}\ ]$

（例4）

$\underbrace{a_{n+1} + n + 1}_{n+1 \text{ の式}} = 4\underbrace{(a_n + n)}_{n \text{ の式}}$

$[\ \underline{F(n+1)} = 4 \cdot \underline{F(n)}\ ]$

このとき，

$\underbrace{a_n + n}_{\text{一般項}} = \underbrace{(a_1 + 1)}_{\text{初項}} 4^{n-1}$

$[\ \underline{F(n)} = \underline{F(1)} \cdot 4^{n-1}\ ]$

これだけ例を示したから，大体要領はつかめただろう？

これから，この等比関数列型の考え方を使って，問題を解いていこう！

● $a_{n+1} = pa_n + q$ 型は，特性方程式で解ける！

それじゃ，具体的な漸化式の解法の解説に入ろう。

2 項間の漸化式

- $a_{n+1} = pa_n + q$ のとき，$(p, q$：定数$)$

  特性方程式：$x = px + q$ の解 α を使って，

  $\underline{a_{n+1} - \alpha = p(a_n - \alpha)}$ の形にもち込んで解く！

  $[\underline{F(n+1) = \underline{p} \cdot F(n)}]$

この例題を次に示す。特性方程式を利用することが，コツだ。

◆例題20◆

数列 $\{a_n\}$ が次の漸化式で定められるとき，一般項 a_n と極限 $\lim_{n \to \infty} a_n$ を求めよ。

$a_1 = 1$，$a_{n+1} = \dfrac{1}{2}a_n + 1$ ……① $(n = 1, 2, 3, \cdots)$

解答

$a_1 = 1$，$a_{n+1} = \dfrac{1}{2}a_n + 1$ ……① $(n = 1, 2, 3, \cdots)$

①の a_n と a_{n+1} の位置に x を代入したものが特性方程式だ！

特性方程式：$x = \dfrac{1}{2}x + 1$ ∴ $x = \boxed{2}$

よって，①を変形して，

$\underline{a_{n+1} - \boxed{2}} = \dfrac{1}{2}(a_n - \boxed{2})$　$\left[\underline{F(n+1) = \dfrac{1}{2} \cdot F(n)}\right]$

$\begin{cases} a_{n+1} = \dfrac{1}{2}a_n + 1 & \cdots① \\ x = \dfrac{1}{2}x + 1 & \cdots② \end{cases}$

（特性方程式）

①−②より，なるほど

$a_{n+1} - x = \dfrac{1}{2}(a_n - x)$

$\left[F(n+1) = \dfrac{1}{2} \cdot F(n)\right]$

の形が出てくる！

この形が来たら，後は $F(n) = F(1) \cdot \left(\dfrac{1}{2}\right)^{n-1}$ に一気にもち込める！

153

これから，$a_n - 2 = (\overset{1}{(a_1)} - 2)\left(\dfrac{1}{2}\right)^{n-1}$　$\left[F(n) = F(1)\left(\dfrac{1}{2}\right)^{n-1}\right]$ だね。

$\therefore$ 一般項 $a_n = 2 - \left(\dfrac{1}{2}\right)^{n-1}$　　よって，求める数列の極限は，

$$\lim_{n \to \infty} a_n = \lim_{n \to \infty}\left\{2 - \overset{0}{\boxed{\left(\dfrac{1}{2}\right)^{n-1}}}\right\} = 2$$　となって，答えだね。

● 3項間の漸化式も，特性方程式が鍵だ！

3項間の漸化式：$a_{n+2} + p a_{n+1} + q a_n = 0$ から一般項 a_n を求める解法のパターンは次の通りだ。シッカリ頭に入れよう！

3項間の漸化式

- $a_{n+2} + p a_{n+1} + q a_n = 0$ のとき，$(p, q : 定数)$

  特性方程式：$x^2 + px + q = 0$ の解 α，β を用いて，

  $\begin{cases} \underline{a_{n+2} - \alpha a_{n+1}} = \beta(\underline{a_{n+1} - \alpha a_n}) & \cdots\cdots ⑦ \quad [F(n+1) = \beta F(n)] \\ \underline{a_{n+2} - \beta a_{n+1}} = \alpha(\underline{a_{n+1} - \beta a_n}) & \cdots\cdots ① \quad [G(n+1) = \alpha G(n)] \end{cases}$

  の形にもち込んで解く！

これについても，例題を1つ解いておこう。数列 $\{a_n\}$ が，

$\begin{cases} a_1 = 0, \ a_2 = 1, \\ 2a_{n+2} - 3a_{n+1} + a_n = 0 \quad \cdots\cdots ① \end{cases}$

で定義されるとき，一般項 a_n を求めて，極限 $\lim_{n \to \infty} a_n$ を計算してみよう。

①の3項間の漸化式の a_{n+2}, a_{n+1}, a_n にそれぞれ x^2, x, 1 を代入して，**特性方程式**を作るところから始めるんだね。

⑦と①をまとめると，同じ次の式になる。

$$\underset{\underset{x^2}{\uparrow}}{a_{n+2}} - (\alpha + \beta)\underset{\underset{x}{\uparrow}}{a_{n+1}} + \alpha\beta\underset{\underset{1}{\uparrow}}{a_n} = 0$$

これが，すなわち3項間の漸化式なんだね。そして，この a_{n+2}, a_{n+1}, a_n に $x^2, x, 1$ をそれぞれ代入したものが今回の**特性方程式**：

$x^2 - (\alpha + \beta)x + \alpha\beta = 0$　なんだ。

これは，$(x - \alpha)(x - \beta) = 0$ となって，⑦，①を作るのに必要な係数 α，β を解にもつ方程式になる。

特性方程式：$2x^2 - 3x + 1 = 0$, $(2x - 1)(x - 1) = 0$

$\therefore\ x = \dfrac{1}{2},\ \underline{1}$　　これを用いて，①は次のように変形できる。

$$\begin{cases} a_{n+2} - \dfrac{1}{2} a_{n+1} = \underline{1} \cdot \left(a_{n+1} - \dfrac{1}{2} a_n \right) & [F(n+1) = 1 \cdot F(n)] \\[3mm] a_{n+2} - \underline{1} \cdot a_{n+1} = \dfrac{1}{2} \cdot (a_{n+1} - \underline{1} \cdot a_n) & \left[G(n+1) = \dfrac{1}{2} \cdot G(n) \right] \end{cases}$$

よって，等比関数列型の漸化式が出てきたから，後は一気に走れる！

$$\begin{cases} a_{n+1} - \dfrac{1}{2} a_n = \left(\overset{1}{a_2} - \dfrac{1}{2} \overset{0}{a_1} \right) \cdot 1^{n-1} & [F(n) = F(1) \cdot 1^{n-1}] \\[3mm] a_{n+1} - a_n = \left(\overset{1}{a_2} - \overset{0}{a_1} \right) \cdot \left(\dfrac{1}{2} \right)^{n-1} & \left[G(n) = G(1) \cdot \left(\dfrac{1}{2} \right)^{n-1} \right] \end{cases}$$

これから，この 2 つの式は次のようになる。

$$\begin{cases} a_{n+1} - \dfrac{1}{2} a_n = 1 & \cdots\cdots\cdots ② \\[3mm] a_{n+1} - a_n = \left(\dfrac{1}{2} \right)^{n-1} & \cdots\cdots ③ \end{cases}$$

② $-$ ③より，a_{n+1} を消去するよ。

$$\dfrac{1}{2} a_n = 1 - \left(\dfrac{1}{2} \right)^{n-1}$$

よって，求める一般項 a_n は，

$$a_n = 2 \left(1 - \dfrac{1}{2^{n-1}} \right) = 2 - \dfrac{1}{2^{n-2}} \quad (n = 1, 2, 3, \cdots)$$

以上より，一般項が求まったので，最後に数列の極限を求めよう！

$$\lim_{n \to \infty} a_n = \lim_{n \to \infty} \left(2 - \overset{0}{\boxed{\dfrac{1}{2^{n-2}}}} \right) = 2 \quad$$ となって答えだね。大丈夫？

　3 項間の漸化式にも自信がついた？　それでは次，対称形の連立の漸化
式にもチャレンジしてみよう。

● 対称形の連立漸化式はアッサリ解ける！

それでは次，**連立の漸化式：対称形**の解説に入るよ。これは，次のパターンでアッサリ解ける。

▊ 連立の漸化式：対称形

- $\begin{cases} a_{n+1} = \boxed{p}\,a_n + \boxed{q}\,b_n \quad \cdots\cdots ⑦ \\ b_{n+1} = \boxed{q}\,a_n + \boxed{p}\,b_n \quad \cdots\cdots ④ \end{cases}$ のとき，

  このように対角線上に同じ値の係数がある場合，"対称形" というんだ。

  ⑦ ＋ ④ より，$\underline{a_{n+1} + b_{n+1} = (p+q)(a_n + b_n)}$

  $\quad\quad [\ \underline{F(n+1)}\ = (p+q) \cdot \underline{F(n)}\ ]$

  ⑦ － ④ より，$\underline{a_{n+1} - b_{n+1} = (p-q)(a_n - b_n)}$

  $\quad\quad [\ \underline{G(n+1)}\ = (p-q) \cdot \underline{G(n)}\ ]$

  として，解いていけばいい。

連立の漸化式でも，対称形の場合，すなわち ⑦ の a_n と ④ の b_n の係数が p で等しく，また ⑦ の b_n と ④ の a_n の係数が q で等しい場合，⑦ ＋ ④ と ⑦ － ④ を実行すれば，すぐに $F(n+1) = r \cdot F(n)$ の形の式が2つ出てくるから，後は等比関数列型のパターン通り解いていけばいいんだね。それでは，これについても例題で練習しておこう！ 具体的に練習することによって，この解法パターンも本当にマスターできるようになるんだからね。頑張ろう！

2つの数列 $\{a_n\}$ と $\{b_n\}$ が，次の式で定義される。

$a_1 = 2, \quad b_1 = 1$

$\begin{cases} a_{n+1} = \boxed{\dfrac{2}{3}}\,a_n - \boxed{\dfrac{1}{3}}\,b_n \quad \cdots\cdots ① \\[4mm] b_{n+1} = \boxed{-\dfrac{1}{3}}\,a_n + \boxed{\dfrac{2}{3}}\,b_n \quad \cdots\cdots ② \end{cases}$

これが，対称形の連立漸化式だ！

このとき，一般項 a_n，b_n と，$\displaystyle\lim_{n \to \infty} a_n$，$\displaystyle\lim_{n \to \infty} b_n$ を求めてみよう。

①, ②は対称形の連立漸化式だから, この **2** 式をバサッとたす, バサッと引く, の **2** つの操作で, 等比関数列型の漸化式にもち込める。

① + ② より, $\underline{a_{n+1} + b_{n+1}} = \dfrac{1}{3} \cdot \underline{(a_n + b_n)}$ $\quad \left[\underline{F(n+1)} = \dfrac{1}{3} \cdot \underline{F(n)} \right]$

① - ② より, $\underline{a_{n+1} - b_{n+1}} = 1 \cdot \underline{(a_n - b_n)}$ $\quad \left[\underline{G(n+1)} = 1 \cdot \underline{G(n)} \right]$

よって, **2** つの等比関数列型漸化式が出てきたから, 後は一直線だね。

$$\begin{cases} a_n + b_n = (\overset{2}{\underline{\underline{(a_1)}}} + \overset{1}{\underline{\underline{(b_1)}}}) \cdot \left(\dfrac{1}{3}\right)^{n-1} = \dfrac{1}{3^{n-2}} \cdots ③ \quad \left[F(n) = \underline{F(1)} \cdot \left(\dfrac{1}{3}\right)^{n-1} \right] \\ a_n - b_n = (\overset{2}{\underline{\underline{(a_1)}}} - \overset{1}{\underline{\underline{(b_1)}}}) \cdot 1^{n-1} = 1 \cdots\cdots\cdots ④ \quad [G(n) = \underline{G(1)} \cdot 1^{n-1}] \end{cases}$$

以上③, ④より, 一般項 a_n と b_n が意外とアッサリ求まるんだね。

$\dfrac{③ + ④}{2}$ より, $a_n = \dfrac{1}{2}\left(\dfrac{1}{3^{n-2}} + 1\right)$

$\dfrac{③ - ④}{2}$ より, $b_n = \dfrac{1}{2}\left(\dfrac{1}{3^{n-2}} - 1\right)$ $\quad$ どう？ 簡単でしょ。

それでは最後に, 数列の極限を求めておく。

$$\lim_{n \to \infty} a_n = \lim_{n \to \infty} \dfrac{1}{2}\left(\overset{0}{\boxed{\dfrac{1}{3^{n-2}}}} + 1\right) = \dfrac{1}{2}$$

$$\lim_{n \to \infty} b_n = \lim_{n \to \infty} \dfrac{1}{2}\left(\overset{0}{\boxed{\dfrac{1}{3^{n-2}}}} - 1\right) = -\dfrac{1}{2} \quad 納得いった？$$

後は, 演習問題で, さらに本格的な実践力を身につけていけばいいんだよ。そして, まだ解説していないけれど, "刑コロ" 問題についても, 演習問題でジックリ教えるつもりだ。

> 刑事コロンボのことだ。

この "刑コロ" 問題とは, "一般項 a_n は求まらないけれど, 極限値 $\lim_{n \to \infty} a_n$ を求める問題" のことなんだ。レベルは高いけれど, 受験では頻出テーマの **1** つだから, 是非ここでマスターしておこう！

階差数列型漸化式と極限

多角形 A_n ($n = 1, 2, 3, \cdots$)
を次のように作る。

(ア) A_1 は 1 辺の長さ 1 の
正三角形である。

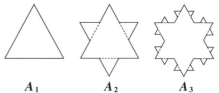

A_1 A_2 A_3

(イ) $n \geqq 2$ のとき，1 辺の長さ $\dfrac{1}{3^{n-1}}$ の正三角形を A_{n-1} の各辺の中央部

にくっつけたものを A_n とする。

A_n の面積を S_n とするとき，$\displaystyle\lim_{n \to \infty} S_n$ を求めよ。 （工学院大）

ヒント！ $S_2 - S_1 = b_1$，$S_3 - S_2 = b_2$，$\cdots$ と順に面積の差を求めて，階差数列型
の漸化式 $S_{n+1} - S_n = b_n$ を導き，これを解いて，S_n を求めた後，極限 $\displaystyle\lim_{n \to \infty} S_n$ の値
を求めればいいんだね。頑張ろう！

解答 & 解説

1 辺の長さが a の正三角形の面積 $\dfrac{\sqrt{3}}{4} a^2$ より，

(ⅰ) 1 辺の長さ 1 の正三角形 A_1 の面積 S_1 は，

$$S_1 = \frac{\sqrt{3}}{4} \cdot 1^2 = \frac{\sqrt{3}}{4}$$

(ⅱ) A_2 は，A_1 に 1 辺の長さ $\dfrac{1}{3}$ の 3 個の正三角形
を加えたものなので，その面積 S_2 は，

$$S_2 = S_1 + 3 \cdot \frac{\sqrt{3}}{4} \cdot \left(\frac{1}{3}\right)^2$$

(ⅲ) A_3 は，A_2 に 1 辺の長さ $\dfrac{1}{9}$ の 12 個の正三角形
を加えたものなので，その面積 S_3 は，

$$S_3 = S_2 + 12 \cdot \frac{\sqrt{3}}{4} \cdot \left(\frac{1}{9}\right)^2$$

ココがポイント

⇦ 1 辺の長さ a の正三角形
の面積は，

$$\frac{1}{2} \cdot a \cdot \frac{\sqrt{3}}{2} a = \frac{\sqrt{3}}{4} a^2$$

⇦ $S_2 = S_1 + 3 \times$

⇦ $S_3 = S_2 + 12 \times$ △

(iv) A_4 は，A_3 に 1 辺の長さ $\dfrac{1}{27}$ の 48 個の正三角形を加えたものなので，その面積 S_4 は，

$$S_4 = S_3 + 48 \cdot \frac{\sqrt{3}}{4} \cdot \left(\frac{1}{27}\right)^2$$

⇦ 加える正三角形の個数は 4 倍ずつ増えていく。

⇦ $S_4 = S_3 + 48 \times \dfrac{\frac{1}{27}}{\frac{1}{27}}$

以上 (ii)(iii)(iv) をまとめると，

$$\begin{cases} S_2 - S_1 = 3 \cdot 4^0 \cdot \dfrac{\sqrt{3}}{4} \cdot \left(\dfrac{1}{3^1}\right)^2 \\[2mm] S_3 - S_2 = 3 \cdot 4^1 \cdot \dfrac{\sqrt{3}}{4} \cdot \left(\dfrac{1}{3^2}\right)^2 \\[2mm] S_4 - S_3 = 3 \cdot 4^2 \cdot \dfrac{\sqrt{3}}{4} \cdot \left(\dfrac{1}{3^3}\right)^2 \end{cases}$$

$$S_{n+1} - S_n = 3 \cdot 4^{n-1} \cdot \frac{\sqrt{3}}{4} \cdot \left(\frac{1}{3^n}\right)^2 \cdots ① \quad (n = 1, 2, \cdots)$$

が導ける。①の右辺をまとめると，①は，

$$S_{n+1} - S_n = \underbrace{\frac{\sqrt{3}}{12} \cdot \left(\frac{4}{9}\right)^{n-1}}_{b_n} \cdots\cdots ①'$$

> 階差型の漸化式
> $S_{n+1} - S_n = b_n$
> $n \geqq 2$ で，
> $S_n = S_1 + \sum\limits_{k=1}^{n-1} b_k$

> 初項 $b_1 = \dfrac{\sqrt{3}}{12}$ ，公比 $r = \dfrac{4}{9}$ の等比数列

⇦ ①の右辺をまとめると，

$$\frac{3\sqrt{3}}{4} \cdot 4^{n-1} \cdot \left(\frac{1}{9}\right)^n$$
$$= \frac{3\sqrt{3}}{4} \cdot \frac{1}{9} \cdot \left(\frac{4}{9}\right)^{n-1}$$
$$= \frac{\sqrt{3}}{12} \cdot \left(\frac{4}{9}\right)^{n-1}$$

①'より，$n \geqq 2$ のとき，

$$S_n = \underbrace{S_1}_{\frac{\sqrt{3}}{4}} + \sum_{k=1}^{n-1} \frac{\sqrt{3}}{12} \cdot \left(\frac{4}{9}\right)^{k-1} = \frac{\sqrt{3}}{4} + \frac{\frac{\sqrt{3}}{12} \cdot \left\{1 - \left(\frac{4}{9}\right)^{n-1}\right\}}{1 - \frac{4}{9}}$$

$$= \frac{2\sqrt{3}}{5} - \frac{3\sqrt{3}}{20}\left(\frac{4}{9}\right)^{n-1} \quad \left(\begin{array}{l} \text{これは，} n = 1 \text{ のときも} \\ \text{みたす。} \end{array}\right)$$

⇦ $\dfrac{\sqrt{3}}{4} + \dfrac{3\sqrt{3}\left\{1 - \left(\frac{4}{9}\right)^{n-1}\right\}}{36 - 16}$

$= \dfrac{\sqrt{3}}{4} + \dfrac{3\sqrt{3}}{20}\left\{1 - \left(\frac{4}{9}\right)^{n-1}\right\}$

$= \dfrac{5\sqrt{3} + 3\sqrt{3}}{20} - \dfrac{3\sqrt{3}}{20}\left(\frac{4}{9}\right)^{n-1}$

$= \dfrac{2\sqrt{3}}{5} - \dfrac{3\sqrt{3}}{20}\left(\frac{4}{9}\right)^{n-1}$

∴ 求める極限 $\lim\limits_{n \to \infty} S_n$ は，次のようになる。

$$\lim_{n \to \infty} S_n = \lim_{n \to \infty} \left\{\frac{2\sqrt{3}}{5} - \frac{3\sqrt{3}}{20}\overbrace{\left(\frac{4}{9}\right)^{n-1}}^{0}\right\} = \frac{2\sqrt{3}}{5} \quad \cdots(\text{答})$$

逆数をとるタイプの漸化式と極限

$a_1 = 2$, $a_{n+1} = \dfrac{3a_n}{1 - 5a_n}$ ……① $(a_n \neq 0,\ n = 1, 2, 3, \cdots)$ によって定まる

数列 $\{a_n\}$ の一般項 a_n と，$\displaystyle\lim_{n \to \infty} a_n$ を求めよ。　　　　（立教大 *）

ヒント！ ①の漸化式の両辺の逆数をとって，$b_n = \dfrac{1}{a_n}$ とおくといいんだね。

解答＆解説

$a_n \neq 0$ より，①の両辺の逆数をとると，

$$\underbrace{\left(\frac{1}{a_{n+1}}\right)}_{b_{n+1}} = \frac{1 - 5a_n}{3a_n} = \frac{1}{3} \cdot \underbrace{\left(\frac{1}{a_n}\right)}_{b_n} - \frac{5}{3}$$

ここで，$b_n = \dfrac{1}{a_n}$ とおくと，$b_1 = \dfrac{1}{a_1} = \dfrac{1}{2}$

よって，$b_1 = \dfrac{1}{2}$, $b_{n+1} = \dfrac{1}{3} b_n - \dfrac{5}{3}$ ……②

$(n = 1, 2, \cdots)$

②の特性方程式 $x = \dfrac{1}{3} x - \dfrac{5}{3}$ を解いて，

$$\frac{2}{3}x = -\frac{5}{3} \qquad \therefore x = -\frac{5}{2}$$

よって，②を変形して，

$$b_{n+1} + \frac{5}{2} = \frac{1}{3}\left(b_n + \frac{5}{2}\right) \quad \left[F(n+1) = \frac{1}{3}F(n)\right]$$

$$b_n + \frac{5}{2} = \left(\underset{\frac{1}{2}}{\underbrace{b_1}} + \frac{5}{2}\right)\left(\frac{1}{3}\right)^{n-1} \left[F(n) = F(1) \cdot \left(\frac{1}{3}\right)^{n-1}\right]$$

$$b_n = \left(\frac{1}{3}\right)^{n-2} - \frac{5}{2} \text{ より，} a_n = \frac{1}{\left(\frac{1}{3}\right)^{n-2} - \frac{5}{2}} \cdots\text{（答）}$$

$$\therefore \lim_{n \to \infty} a_n = \lim_{n \to \infty} \frac{1}{\underbrace{\left(\frac{1}{3}\right)^{n-2}}_{0} - \frac{5}{2}} = -\frac{2}{5} \quad\cdots\cdots\cdots\cdots\text{（答）}$$

ココがポイント

⇦ $b_{n+1} = pb_n + q$ のとき，特性方程式 $x = px + q$ の解 α を使って，
$b_{n+1} - \alpha = p(b_n - \alpha)$
$[F(n+1) = p\ F(n)]$
の形にもち込めばいい。

⇦ $b_n = \dfrac{1}{a_n}$ より，
$a_n = \dfrac{1}{b_n}$ だね。

対数をとるタイプの漸化式と極限

演習問題 48 　難易度 ★★ 　CHECK 1 　CHECK 2 　CHECK 3

$a_1 = 2$, $a_{n+1} = 2\sqrt{2a_n}$ ……① $(n=1, 2, 3, \cdots)$ によって定義された数列 $\{a_n\}$ の一般項 a_n と，$\displaystyle\lim_{n\to\infty} a_n$ を求めよ。

ヒント！ ①の両辺は明らかに正より，この両辺の底 2 の対数をとって，$b_n = \log_2 a_n$ とおくと，見慣れた 2 項間の漸化式の形が見えてくるんだね。

解答＆解説

$a_n > 0$ より，①の両辺の底 2 の対数をとると，

$$\underbrace{\log_2 a_{n+1}}_{\boxed{b_{n+1}}} = \log_2\sqrt{8a_n} = \log_2 (8a_n)^{\frac{1}{2}}$$

$$= \frac{1}{2}(\log_2 a_n + \underbrace{\log_2 8}_{\boxed{3}}) = \frac{1}{2}(\underbrace{\log_2 a_n}_{\boxed{b_n}} + 3) \cdots\cdots②$$

となる。

ここで，$b_n = \log_2 a_n$ とおくと，$b_{n+1} = \log_2 a_{n+1}$ であり，

また，$b_1 = \log_2 a_1 = \log_2 2 = 1$ 　よって，これと②より，

$$b_1 = 1, \quad b_{n+1} = \frac{1}{2}b_n + \frac{3}{2} \cdots\cdots③ \quad (n = 1, 2, 3, \cdots)$$

が導ける。③を変形して，

$$b_{n+1} - 3 = \frac{1}{2}(b_n - 3) \quad \left[F(n+1) = \frac{1}{2}\cdot F(n)\right] より，$$

$$b_n - 3 = (\underbrace{b_1 - 3}_{\boxed{1}})\cdot\left(\frac{1}{2}\right)^{n-1} \quad \left[F(n) = F(1)\cdot\left(\frac{1}{2}\right)^{n-1}\right]$$

これに $b_1 = 1$ を代入すると，

$$b_n = 3 - 2\cdot\left(\frac{1}{2}\right)^{n-1} = 3 - \left(\frac{1}{2}\right)^{n-2} \quad (= \log_2 a_n) となる。$$

∴ 一般項 $a_n = 2^{3-\left(\frac{1}{2}\right)^{n-2}}$ $(n=1, 2, 3, \cdots)$ となる。……(答)

また，$\displaystyle\lim_{n\to\infty} a_n$ は，

$$\lim_{n\to\infty} a_n = \lim_{n\to\infty} 2^{3 - \overbrace{\left(\frac{1}{2}\right)^{n-2}}^{0}} = 2^3 = 8 \quad である。 \cdots\cdots\cdots(答)$$

ココがポイント

⟸ ・$a_1 = 2 > 0$
　・$a_k > 0$ と仮定すると，
　　$a_{k+1} = 2\sqrt{2a_k} > 0$
　　よって，$a_n > 0$ $(n = 1, 2, \cdots)$

⟸ ③の特性方程式
　$x = \frac{1}{2}x + \frac{3}{2}$
　$\frac{1}{2}x = \frac{3}{2}$ 　∴ $x = 3$

⟸ $\displaystyle\lim_{n\to\infty}\left(\frac{1}{2}\right)^n = \lim_{n\to\infty}\left(\frac{1}{2}\right)^{n+1}$
　$= \lim_{n\to\infty}\left(\frac{1}{2}\right)^{n-2} = 0$

つまり，$\frac{1}{2}$ を ∞ にかけて 0 に近づくことに変わりはないからだ。

非対称形の連立漸化式と極限

演習問題 49	難易度 ★★★	CHECK 1	CHECK 2	CHECK 3

2つの数列 $\{a_n\}$ と $\{b_n\}$ が次式により定義されている。

$a_1 = -4$, $b_1 = 1$, $\begin{cases} a_{n+1} = -4a_n - 6b_n \ \cdots\cdots ① \\ b_{n+1} = a_n + b_n \ \cdots\cdots\cdots ② \ (n = 1, 2, 3, \cdots) \end{cases}$

(1) 一般項 a_n と b_n を求めよ。

(2) 極限 $\displaystyle\lim_{n \to \infty} \frac{a_n}{(-2)^n}$ と $\displaystyle\lim_{n \to \infty} \frac{b_n}{(-2)^n}$ を求めよ。

ヒント！ この連立漸化式①と②は非対称形なので，自分で等比関数列型漸化式： $a_{n+1} + \alpha b_{n+1} = \beta(a_n + \alpha b_n)$ $[F(n+1) = \beta \cdot F(n)]$ が成り立つような，定数 α と β を求める必要があるんだね。この α, β は2組の値が得られるので，これを用いて解いていこう！

解答 & 解説

ココがポイント

(1) $a_1 = -4$, $b_1 = 1$,

$\begin{cases} a_{n+1} = \underwavy{-4a_n - 6b_n} \ \cdots\cdots ① \\ b_{n+1} = \underline{a_n + b_n} \ \cdots\cdots\cdots ② \ (n = 1, 2, 3, \cdots) \end{cases}$

①, ②より，次式が成り立つものとする。

$\underline{a_{n+1}} + \alpha \underline{b_{n+1}} = \beta(a_n + \alpha b_n) \ \cdots\cdots ③$

$[\ F(n+1) = \beta \cdot F(n)\ ]$

⇦ ③をみたす α と β の値が分かれば，後はアッという間に一般項 a_n と b_n は求められる。

①, ②を③に代入して，

$\underwavy{-4a_n - 6b_n} + \alpha \overbrace{(a_n + b_n)} = \beta a_n + \alpha\beta b_n$

$(\alpha - 4)a_n + (\alpha - 6)b_n = \beta a_n + \alpha\beta b_n$

この両辺の a_n と b_n の各係数を比較して，

$\begin{cases} \alpha - 4 = \beta \ \cdots\cdots ④ \\ \alpha - 6 = \alpha\beta \ \cdots\cdots ⑤ \end{cases}$

④を⑤に代入して，

$\alpha - 6 = \alpha\overbrace{(\alpha - 4)}$ これを解いて $\alpha = 2, 3$ である。

⇦ $\alpha - 6 = \alpha^2 - 4\alpha$
$\alpha^2 - 5\alpha + 6 = 0$
$(\alpha - 2)(\alpha - 3) = 0$
$\therefore \alpha = 2, 3$

$\begin{cases} (\ \text{i}\ ) \alpha = 2 \ \text{のとき，④より，} \beta = 2 - 4 = -2 \\ (\ \text{ii}\ ) \alpha = 3 \ \text{のとき，④より，} \beta = 3 - 4 = -1 \ \text{となる。} \end{cases}$

162

以上 (i)(ii) を③に代入して,

$$\begin{cases} a_{n+1}+2b_{n+1}=-2(a_n+2b_n) \\ [\; F(n+1) \;=\; -2\cdot\; F(n) \;] \\ a_{n+1}+3b_{n+1}=(-1)\cdot(a_n+3b_n) \\ [\; G(n+1) \;=\;(-1)\cdot\; G(n) \;] \end{cases}$$

⇦ $F(n+1)=r\cdot F(n)$ の形の
式を2つ作れたので,後
は一気に
$F(n)=F(1)\cdot r^{n-1}$ に
もち込んで解けばよい。

よって,

$$\begin{cases} a_n+2b_n=(\overset{-4}{(\boxed{a_1})}+2\overset{1}{\boxed{b_1}})\cdot(-2)^{n-1}=(-2)^n \\ [\; F(n)\;=\;\quad F(1)\quad\cdot(-2)^{n-1}] \\ a_n+3b_n=(\overset{-4}{(\boxed{a_1})}+3\overset{1}{\boxed{b_1}})\cdot(-1)^{n-1}=(-1)^n \\ [\; G(n)\;=\;\quad G(1)\quad\cdot(-1)^{n-1}] \end{cases}$$

$$\begin{cases} a_n+2b_n=(-2)^n \quad\cdots\cdots⑥ \\ a_n+3b_n=(-1)^n \quad\cdots\cdots⑦ \end{cases} \text{ となる。}$$

⑥×3−⑦×2 より, $a_n=3\cdot(-2)^n-2\cdot(-1)^n\;\cdots⑧$

⑦−⑥より, $\qquad b_n=(-1)^n-(-2)^n\;\cdots\cdots⑨$

$\qquad\qquad\qquad\qquad\qquad\cdots\cdots$(答)

(2) 次に,求める極限は,⑧,⑨より,

(i) $\displaystyle\lim_{n\to\infty}\frac{a_n}{(-2)^n}=\lim_{n\to\infty}\frac{3(-2)^n-2(-1)^n}{(-2)^n}$

$\qquad\qquad=\displaystyle\lim_{n\to\infty}\left\{3-2\cdot\underbrace{\left(\frac{1}{2}\right)^n}_{0}\right\}=3\;\cdots\cdots$(答)

⇦ $\dfrac{3\cdot(-2)^n-2\cdot(-1)^n}{(-2)^n}$

$=3\cdot\dfrac{(-2)^n}{(-2)^n}-2\cdot\dfrac{(-1)^n}{(-2)^n}$

$=3-2\cdot\left(\dfrac{1}{2}\right)^n$

(ii) $\displaystyle\lim_{n\to\infty}\frac{b_n}{(-2)^n}=\lim_{n\to\infty}\frac{(-1)^n-(-2)^n}{(-2)^n}$

$\qquad\qquad=\displaystyle\lim_{n\to\infty}\left\{\underbrace{\left(\frac{1}{2}\right)^n}_{0}-1\right\}=-1\;\cdots\cdots$(答)

分数形式の漸化式と極限

数列 $\{a_n\}$ が $\begin{cases} a_1 = 4 \\ a_{n+1} = \dfrac{4a_n + 8}{a_n + 6} \quad \cdots\cdots① \quad (n = 1,\ 2,\ 3,\ \cdots) \end{cases}$ で定められている。

(1) $b_n = \dfrac{a_n + \alpha}{a_n + \beta}$ $(n = 1,\ 2,\ 3,\ \cdots)$ とおき，$\{b_n\}$ が等比数列となるように，$\alpha,\ \beta\ (\alpha < \beta)$ の値を定めよ。

(2) 一般項 a_n を求め，極限 $\displaystyle\lim_{n \to \infty} a_n$ を求めよ。　　　　　（千葉大＊）

ヒント！ (1) では，$b_{n+1} = \dfrac{a_{n+1} + \alpha}{a_{n+1} + \beta}$ を変形して，等比数列型漸化式 $b_{n+1} = rb_n$ となるようにすればいい。この形になれば，$b_n = b_1 \cdot r^{n-1}$ と $\{b_n\}$ の一般項が求まり，(2) での一般項 a_n，およびこの極限 $\displaystyle\lim_{n \to \infty} a_n$ まで一気に求めることができるんだね。頑張ろう！

解答＆解説

(1) $a_1 = 4$, $a_{n+1} = \dfrac{4a_n + 8}{a_n + 6}$ $\cdots\cdots①$ $(n = 1,\ 2,\ 3,\ \cdots)$ であり，

$b_n = \dfrac{a_n + \alpha}{a_n + \beta}$ $\cdots\cdots②$ $(\alpha < \beta)$ で与えられる $\{b_n\}$ が

等比数列となるようにすると，

$$b_{n+1} = \frac{a_{n+1} + \alpha}{a_{n+1} + \beta} = \frac{\dfrac{4a_n + 8}{a_n + 6} + \alpha}{\dfrac{4a_n + 8}{a_n + 6} + \beta} = \frac{4a_n + 8 + \alpha(a_n + 6)}{4a_n + 8 + \beta(a_n + 6)}$$

$$= \frac{(\alpha + 4)a_n + 6\alpha + 8}{(\beta + 4)a_n + 6\beta + 8} = \frac{(\alpha + 4)\left(a_n + \dfrac{6\alpha + 8}{\alpha + 4}\right)}{(\beta + 4)\left(a_n + \dfrac{6\beta + 8}{\beta + 4}\right)}$$

$$= \underbrace{\frac{\alpha + 4}{\beta + 4}}_{r} \cdot \underbrace{\frac{a_n + \boxed{\dfrac{6\alpha + 8}{\alpha + 4}} = \alpha}{a_n + \boxed{\dfrac{6\beta + 8}{\beta + 4}} = \beta}}_{b_n} \quad \cdots\cdots③ \quad \text{より，}$$

ココがポイント

⇐ 具体的には，$b_{n+1} = \dfrac{a_{n+1} + \alpha}{a_{n+1} + \beta}$ に①を代入して，変形して，$b_{n+1} = r \cdot b_n$ の形にもち込む。

⇐ $b_{n+1} = rb_n$ になるための α と β の方程式は同じなので，これを t の方程式 $\dfrac{6t + 8}{t + 4} = t$ とおいて，小さい方の解を α，大きい方の解を β とおけばいい。

α と β は, $\dfrac{6t+8}{t+4}=t$ の解となるので, これを解いて,

$\alpha<\beta$ より, $\alpha=-2$, $\beta=4$ となる。 …………(答)

$\Leftarrow 6t+8=\overparen{t(t+4)}$
$t^2-2t-8=0$
$(t+2)(t-4)=0$
$\therefore t=\underset{\underset{\alpha}{\smile}}{-2},\ \underset{\underset{\beta}{\smile}}{4}$

(2) $\alpha=-2$, $\beta=4$ を③に代入すると,

$b_{n+1}=\dfrac{-2+4}{4+4}\cdot\dfrac{a_n-2}{a_n+4}=\dfrac{1}{4}b_n$ となり,

$b_1=\dfrac{a_1-2}{a_1+4}=\dfrac{4-2}{4+4}=\dfrac{1}{4}$ より,

数列 $\{b_n\}$ の一般項 b_n は,

$b_n=b_1\cdot\left(\dfrac{1}{4}\right)^{n-1}=\left(\dfrac{1}{4}\right)^n=\dfrac{1}{2^{2n}}$ ……④ となる。

ここで, $b_n=\dfrac{a_n-2}{a_n+4}$ より, $a_n=\dfrac{4b_n+2}{1-b_n}$ …⑤ となる。

$\Leftarrow \overparen{b_n(a_n+4)}=a_n-2$
$(1-b_n)a_n=4b_n+2$
$a_n=\dfrac{4b_n+2}{1-b_n}$

④を⑤に代入して, 求める一般項 a_n は,

$a_n=\dfrac{4\cdot\dfrac{1}{2^{2n}}+2}{1-\dfrac{1}{2^{2n}}}=\dfrac{2\cdot2^{2n}+4}{2^{2n}-1}$

$=\dfrac{2(2^{2n}+2)}{2^{2n}-1}$ ……⑥ $(n=1,\ 2,\ 3,\ \cdots)$ となる。

…………(答)

よって, ⑥より, 求める極限は,

$\displaystyle\lim_{n\to\infty}a_n=\lim_{n\to\infty}\dfrac{2(2^{2n}+2)}{2^{2n}-1}$ ← 分子・分母を 2^{2n} で割る。

$\Leftarrow \displaystyle\lim_{n\to\infty}a_n=\left(\dfrac{\infty}{\infty}\text{の不定形}\right)$

$=\displaystyle\lim_{n\to\infty}\dfrac{2\left(1+\underset{\underset{0}{}}{\boxed{\dfrac{1}{2^{2n-1}}}}\right)}{1-\underset{\underset{0}{}}{\boxed{\dfrac{1}{2^{2n}}}}}=\dfrac{2}{1}=2$ である。…(答)

$S_n = f(n)$ で定まる数列と無限級数

| 演習問題 51 | 難易度 ★★★ | CHECK 1 | CHECK 2 | CHECK 3 |

数列 $\{a_n\}$ が，$a_1 = 1$，$n^2 a_n = \sum_{k=1}^{n} a_k$ $(n = 1, 2, 3, \cdots)$ で定められるとき，一般項 a_n と $\sum_{k=1}^{\infty} a_k$ を求めよ。

レクチャー　一般に数列の和 $S_n = a_1 + a_2 + \cdots + a_n$ が，$S_n = f(n)$［何か n の式］で与えられたとき，次のパターンで解く。

(i) $a_1 = S_1$

(ii) $n \geqq 2$ のとき，$a_n = S_n - S_{n-1}$

(ii)は，次のように導かれる。

$$\begin{cases} S_n = \cancel{a_1} + \cancel{a_2} + \cdots + \cancel{a_{n-1}} + a_n \cdots ⑦ \\ S_{n-1} = \cancel{a_1} + \cancel{a_2} + \cdots + \cancel{a_{n-1}} \cdots\cdots ⑦ \end{cases}$$

⑦ − ⑦　　$S_n - S_{n-1} = a_n$

∴ $a_n = S_n - S_{n-1}$ $(n \geqq 2)$

よって，(i) $n = 1$ のときは $a_1 = S_1$ として別に計算しないといけないんだ。

解答＆解説

$\sum_{k=1}^{n} a_k = S_n$ $(n = 1, 2, \cdots)$ とおくと，与式は，

$a_1 = 1$，$n^2 a_n = S_n$ ……① $(n = 1, 2, 3, \cdots)$

①の n の代わりに，$n+1$ を代入すると，

$(n+1)^2 a_{n+1} = S_{n+1}$ ……②

②−①より，

$(n+1)^2 a_{n+1} - n^2 a_n = \boxed{S_{n+1} - S_n}$ $(n = 1, 2, \cdots)$

（上に a_{n+1}）

$(n^2 + 2n + \cancel{1})a_{n+1} - n^2 a_n = \cancel{a_{n+1}}$

$n(n+2)a_{n+1} = n^2 a_n$ ……③

$n \geqq 1$ より，③の両辺を n で割って，

$(n+2)a_{n+1} = n \cdot a_n$ ←

この両辺に $(n+1)$ をかけて，

$\underset{\boxed{n+1+1}}{(\boxed{n+2})}(n+1)a_{n+1} = 1 \cdot \underline{(n+1)}n a_n$

$[\quad \underline{F(n+1)} \quad = \underset{|}{\underline{1}} \cdot \quad \underline{F(n)} \quad]$

公比 1 はかからなくてもいいけれど，あった方がわかりやすいだろう。

これはまだ $F(n+1) = r \cdot F(n)$ の形ではないね。しかし，この両辺に $(n+1)$ をかけると，うまくいく！

ココがポイント

⇦ 今回は，$a_n = S_n - S_{n-1}$ $(n \geqq 2)$ とするのではなく $a_{n+1} = S_{n+1} - S_n$ $(n \geqq 1)$ にもち込む。

$\begin{cases} S_{n+1} = a_1 + a_2 + \cdots + a_n + a_{n+1} \\ S_n = a_1 + a_2 + \cdots + a_n \end{cases}$

上から下を引くと，

$S_{n+1} - S_n = a_{n+1}$ となって，これでもいいんだね。また，S_n と S_{n+1} しか使っていないので，$n \geqq 1$ で定義できる式なんだ。

よって，

$$(n+1)n \cdot a_n = \overset{(1+1)}{\underset{\parallel}{2}} \cdot 1 \cdot \overset{1}{\underset{\parallel}{(a_1)}} \cdot 1^{n-1}$$

$$[\quad \underline{F(n)} \quad = \quad \underline{F(1)} \quad \cdot 1^{n-1}]$$

$$(n+1)na_n = 2$$

$$\therefore a_n = \frac{2}{n(n+1)} \quad \cdots\cdots\cdots\cdots\cdots\cdots\cdots\cdots(答)$$

⇦ $F(n) = (n+1) \cdot n \cdot a_n$ とおく
と，
$F(n+1)$
$= (n+1+1)(n+1)a_{n+1}$
$= (n+2)(n+1)a_{n+1}$
$F(1) = (1+1) \cdot 1 \cdot a_1$
$= 2 \cdot 1 \cdot a_1$
だね。

ここで，a_k は部分分数に分解できるので，

$$a_k = \frac{2}{k(k+1)} = 2\left(\overset{I_k}{\underset{\parallel}{\left(\frac{1}{k}\right)}} - \overset{I_{k+1}}{\underset{\parallel}{\left(\frac{1}{k+1}\right)}}\right)$$

よって，部分和 S_m は，

$$S_m = \sum_{k=1}^{m} a_k = 2\sum_{k=1}^{m}\left(\frac{1}{k} - \frac{1}{k+1}\right)$$

$$= 2\left\{\left(\frac{1}{\underline{\underline{1}}} - \frac{1}{2}\right) + \left(\frac{1}{2} - \frac{1}{3}\right) + \left(\frac{1}{3} - \frac{1}{4}\right) + \cdots\right.$$

$$\left. \cdots + \left(\frac{1}{m} - \frac{1}{m+1}\right)\right\}$$

$$= 2\left(1 - \frac{1}{m+1}\right)$$

⇦ 部分分数分解型の Σ 計算だ
から，途中がバサバサバサ
ッと消えていく。

以上より，求める無限級数の和は，

$$\sum_{k=1}^{\infty} a_k = \lim_{m\to\infty}\sum_{k=1}^{m} a_k = \lim_{m\to\infty} S_m$$

$$= \lim_{m\to\infty} 2\left(1 - \boxed{\frac{1}{m+1}}\right) = 2 \quad \cdots\cdots\cdots\cdots(答)$$

$\searrow 0$

⇦ 部分分数分解型の無限級数
では，
(i) 部分和 S_m を求める。
(ii) $\lim_{m\to\infty} S_m$ を求める。
の 2 つの手順に従って解く
んだね。

$a_n = \dfrac{2}{n(n+1)}$ を $\displaystyle\sum_{k=1}^{n} a_k = n^2 a_n \cdots$① に代入して，$\displaystyle\sum_{k=1}^{n} a_k = \dfrac{2n^2}{n(n+1)} = \dfrac{2n}{n+1}$

ここで，$n \to \infty$ として，$\displaystyle\sum_{k=1}^{\infty} a_k = \lim_{n\to\infty}\frac{2n}{n+1} = \lim_{n\to\infty}\frac{2}{1 + \boxed{\frac{1}{n}}} = 2$ と求めてもいい。

$\searrow 0$

　どうだった？　難しかったけれど，面白かったでしょう。特に

$(n+2)a_{n+1} = n \cdot a_n$ の両辺に $\underline{(n+1)}$ をかけることによって，見慣れた

$F(n+1) = r \cdot F(n)$ の形にもち込むところが重要なポイントだったんだ。

こういうアイデアが自然と浮かぶようになるまで，反復練習するといい。

刑コロ問題の基本パターン

数列 $\{a_n\}$ が，$a_1 = 4$，$\left| a_{n+1} - 5 \right| \leqq \dfrac{1}{2} \left| a_n - 5 \right|$ を満たすとき，$\displaystyle \lim_{n \to \infty} a_n$ を求めよ。

（杏林大＊）

レクチャー　これまでは，まず一般項 a_n を求めて，極限を求めたけれど，ここでは，一般項 a_n が求まらない場合の $\displaystyle \lim_{n \to \infty} a_n$ を求める問題について話す。これは，次の手順で解く。

> 刑コロ問題はこの形からスタートする。

$$\left| a_{n+1} - \alpha \right| \leqq r \left| a_n - \alpha \right| \quad (0 < r < 1)$$
$$[F(n+1) \leqq r \cdot F(n)]$$
$$0 \leqq \left| a_n - \alpha \right| \leqq \left| a_1 - \alpha \right| r^{n-1}$$
$$[\quad F(n) \quad \leqq F(1) \cdot r^{n-1}]$$

よって，$n \to \infty$ にすると，

$$0 \leqq \lim_{n \to \infty} \left| a_n - \alpha \right| \leqq \lim_{n \to \infty} \left| a_1 - \alpha \right| \underline{r^{n-1}} = 0$$

（0以上，0以下のハサミ打ち！）

$$\therefore \lim_{n \to \infty} \left| \overset{\alpha}{a_n} - \alpha \right| = 0 \text{ より，} \lim_{n \to \infty} a_n = \alpha$$

この解法は完璧なんだけれど，これを変に思う人もいるはずだ。それは，最終的な極限値 α が，最初の式 $\left| a_{n+1} - \alpha \right| \leqq r \left| a_n - \alpha \right|$ の時点で既にわかっていないといけないからだね。ボクはこれを

> 刑事コロンボの略

刑コロ問題と呼んでいる。刑事コロンボは，古畑任三郎と同様アメリカの刑事ドラマで，初めに犯人が犯行を犯すシーンから始まるんだ。つまり，この種の問題も最初から犯人（極限値）の α がわかっていないといけない変わった問題だから，"刑コロ問題" と呼ぶことにしたんだ。納得いった？

解答 & 解説

> 刑コロ問題の解法のパターンだ。まず覚えてくれ！

$$\left| a_{n+1} - 5 \right| \leqq \dfrac{1}{2} \left| a_n - 5 \right| \quad F(n+1) \leqq \dfrac{1}{2} F(n)$$

よって，次式のようになる。　$F(n) \leqq F(1) \cdot \left(\dfrac{1}{2} \right)^{n-1}$

$$0 \leqq \left| a_n - 5 \right| \leqq \left| \overset{4}{a_1} - 5 \right| \left(\dfrac{1}{2} \right)^{n-1} = \left(\dfrac{1}{2} \right)^{n-1}$$

$n \to \infty$ にすると，　【ハサミ打ちだ！】

$$0 \leqq \lim_{n \to \infty} \left| a_n - 5 \right| \leqq \lim_{n \to \infty} \left(\dfrac{1}{2} \right)^{n-1} = 0$$

$$\therefore \lim_{n \to \infty} \left| \overset{5}{a_n} - 5 \right| = 0 \text{ より，} \lim_{n \to \infty} a_n = 5 \quad \cdots\cdots\cdots (\text{答})$$

ココがポイント

⇦ $F(n+1) \leqq \dfrac{1}{2} \cdot F(n)$ のとき

$$F(n) \leqq F(1) \cdot \left(\dfrac{1}{2} \right)^{n-1}$$

となる。

⇦ 絶対値がついているので，当然 $0 \leqq \left| a_n - 5 \right|$ もいいね。

⇦ $\displaystyle \lim_{n \to \infty} \left| a_n - 5 \right|$ は 0 と 0 とのハサミ打ちで 0 となる。

⇦ $\displaystyle \lim_{n \to \infty} \left| a_n - 5 \right| = 0$ ならば，a_n は 5 に限りなく近づく。

本格的な刑コロ問題（I）

数列 $\{a_n\}$ が，$a_1 = 4$，$a_{n+1} = \sqrt{2a_n + 3}$ ……① $(n = 1, 2, \cdots)$ で定義される。このとき，$\lim_{n \to \infty} a_n$ を求めよ。　　　　　　　　　　　　（名古屋大 *）

レクチャー　　前間は，刑コロ問題の解法のパターンを練習するための例題だったんだよ。そして，今回の問題が本格的な刑コロ問題だ！まず，与えられた漸化式を見てくれ。とても一般項が求まる形ではないね。でも極限値 $\lim_{n \to \infty} a_n$ は求まるんだ。そのためには，犯人（極限値）α の値をまず推定して，$|a_{n+1} - \alpha| \leq r|a_n - \alpha|$ $(0 < r < 1)$ の形にもち込むんだったね。
ここではまず，この α の値の推定法について解説しよう。

　　まず，$\lim_{n \to \infty} a_n = \alpha$ と仮定する。すると，$\lim_{n \to \infty} a_n = \lim_{n \to \infty} a_{n+1} = \alpha$ となる。

また，$n \to \infty$ のときでも①の漸化式は成り立つから，結局，①の a_{n+1} と a_n に α を代入できて，
$\alpha = \sqrt{2\alpha + 3}$ だね。この両辺を 2 乗して
$\alpha^2 = 2\alpha + 3$，$\alpha^2 - 2\alpha - 3 = 0$
$(\alpha - 3)(\alpha + 1) = 0$ 　[これは 2 乗による無縁解]
$\therefore \alpha = 3$ $(\alpha \neq \underline{-1})$
よって，$\lim_{n \to \infty} a_n = 3$ と推定できる。エッ，答えがもう出たって？オイオイ，これは，$\lim_{n \to \infty} a_n = \alpha$ と仮定して出てきた結果だから，まだ答えじゃないよ。極限が 3 となることを "刑コロ" の解法の手順に従って，キチンと示さないといけないんだ。

解答＆解説

$a_1 = 4$，$a_{n+1} = \sqrt{2a_n + 3}$ ……① $(n = 1, 2, \cdots)$

①の両辺から 3 を引いて，

$\underline{a_{n+1} - 3} = \sqrt{2a_n + 3} - 3$ 　　　$\underset{\parallel}{2a_n + 3 - 9 = 2a_n - 6}$

$= \dfrac{(\sqrt{2a_n + 3} - 3)(\sqrt{2a_n + 3} + 3)}{\sqrt{2a_n + 3} + 3}$ 　[分子・分母に $\sqrt{\ } + 3$ をかけた！]

$= \dfrac{2(a_n - 3)}{\sqrt{2a_n + 3} + 3}$

[これが，r を作る材料]

$\therefore \underline{a_{n+1} - 3} = \boxed{\dfrac{2}{\sqrt{2a_n + 3} + 3}} \underline{(a_n - 3)}$
　　　　　　　　　　　　右辺の形も出てきた！

この両辺の絶対値をとって，

ココがポイント

⇦ 極限値の α が 3 と推定できたので，
$|a_{n+1} - 3| \leq r|a_n - 3|$ $(0 < r < 1)$
の形にもち込みたいんだね。まず，この左辺の $a_{n+1} - 3$ の形を作るために，①の両辺から 3 を引くことから変形を開始する！

これは⊕より絶対値記号の外に出せる。

$$|a_{n+1}-3| = \left|\frac{2}{3+\sqrt{2a_n+3}}(a_n-3)\right|$$

⇦ $A=B$ ならば
$|A|=|B|$ とできる。

$$= \frac{2}{3+\sqrt{2a_n+3}}|a_n-3|$$

⇦ $|a_n-3|\geqq 0$ より，
$|a_n-3|$ にかかる係数の大きい方が，当然大きくなる。
よって，

$$\leqq \frac{2}{3}|a_n-3|$$

分母の $\sqrt{2a_n+3}$ をとったものの方が大きな数になる！

$$\frac{2}{3+\boxed{\sqrt{2a_n+3}}} < \frac{2}{3} \text{ より}$$

この⊕の数がない方が大きくなる。

$$\frac{2}{3+\sqrt{2a_n+3}}|a_n-3|$$

$$\leqq \frac{2}{3}|a_n-3|$$
となったんだ。

刑コロ問題の最初の式が出来上がったね。後は，解法のパターン通りに一気に走れる！

よって，

$$|a_{n+1}-3| \leqq \frac{2}{3}|a_n-3| \quad \text{これから，}$$

$$\left[F(n+1) \leqq \frac{2}{3}\ F(n) \right]$$

$$|a_n-3| \leqq |\overset{4}{\underset{\shortparallel}{\boxed{a_1}}}-3|\cdot\left(\frac{2}{3}\right)^{n-1} = \left(\frac{2}{3}\right)^{n-1}$$

$$\left[F(n) \leqq F(1) \cdot \left(\frac{2}{3}\right)^{n-1} \right]$$

また，$0 \leqq |a_n-3|$より，

$$0 \leqq |a_n-3| \leqq \left(\frac{2}{3}\right)^{n-1}$$

ここで，$n \to \infty$にすると，

$$0 \leqq \lim_{n\to\infty}|a_n-3| \leqq \lim_{n\to\infty}\overset{0}{\left(\left(\frac{2}{3}\right)^{n-1}\right)} = 0$$

よって，はさみ打ちの原理から，

$$\lim_{n\to\infty}|a_n-3| = 0 \quad \therefore \lim_{n\to\infty}a_n = 3 \quad\cdots\cdots\cdots\cdots\cdots\text{(答)}$$

どうだった？ これで，刑コロ問題にも自信がついたでしょう。後は，反復練習して，慣れてしまうことが大切なんだよ。以上の式の変形が，当たり前に見えてくるまで頑張ろう！

本格的な刑コロ問題（Ⅱ）

数列 $\{a_n\}$ は $a_1=1$, $a_{n+1}a_n+2a_{n+1}-8=0$ ……① $(n=1, 2, 3, \cdots)$ を満たしている。$1 \le a_n \le \dfrac{8}{3}$ $(n=1, 2, 3, \cdots)$ であることを数学的帰納法により証明し，$|a_n-2| \le \left(\dfrac{2}{3}\right)^{n-1}$ $(n=1, 2, 3, \cdots)$ であることを示し，$\displaystyle\lim_{n\to\infty} a_n$ を求めよ。　　　　　　　　　　　　　　　　　　　　　　　（高知大）

ヒント！ まず，$1 \le a_n \le \dfrac{8}{3}$ $(n=1, 2, 3, \cdots)$ が成り立つことを示せたら，①を $a_{n+1}=\dfrac{8}{a_n+2}$ から，$a_{n+1}-2=\dfrac{8}{a_n+2}-2$ として，この右辺を変形し，さらに絶対値をとって，$|a_{n+1}-2| \le r|a_n-2|$ $(0<r<1)$ の形にもち込めばいいんだね。頑張って解いてみよう。

解答 & 解説

ココがポイント

$a_1=1$, $a_{n+1}a_n+2a_{n+1}-8=0$ ……① $(n=1, 2, 3, \cdots)$
より，$a_{n+1}=\dfrac{8}{a_n+2}$ ……①′ $(n=1, 2, 3, \cdots)$ となる。

⇦ $(a_n+2)a_{n+1}=8$
$a_{n+1}=\dfrac{8}{a_n+2}$

ここで，命題：$1 \le a_n \le \dfrac{8}{3}$ ……(*) $(n=1, 2, 3, \cdots)$
が成り立つことを数学的帰納法により示す。

(ⅰ) $n=1$ のとき，$a_1=1$ より，$1 \le a_1 \le \dfrac{8}{3}$ ……(*)
をみたす。

(ⅱ) $n=k$ のとき，$(k=1, 2, 3, \cdots)$

$1 \le a_k \le \dfrac{8}{3}$ ……② が成り立つと仮定して，$n=k+1$ のときを調べると，
①′より，

$a_{k+1}=\dfrac{8}{a_k+2}$ よって，$\boxed{\dfrac{8}{\frac{8}{3}+2}}$ ≦ a_{k+1} ≦ $\boxed{\dfrac{8}{1+2}}$ より，$1 \le \dfrac{12}{7} \le a_{k+1} \le \dfrac{8}{3}$

$\boxed{\dfrac{24}{14}=\dfrac{12}{7}}$ 　　$\boxed{\dfrac{8}{3}}$

$\boxed{a_{k+1} \text{は，(ⅰ)} a_k=1 \text{のとき最大となり，(ⅱ)} a_k=\dfrac{8}{3} \text{のとき最小となる。}}$

となって，a_{k+1} も (*) をみたす。

以上 (ⅰ)(ⅱ) より，$n = 1, 2, 3, \cdots$ のとき，

$1 \leqq a_n \leqq \dfrac{8}{3}$ ……(*) は成り立つ。………………(終)

次に，$a_{n+1} = \dfrac{8}{a_n + 2}$ ……①´ の両辺より

$\underline{2}$ を引いて，

犯人

$$a_{n+1} - 2 = \dfrac{8}{a_n + 2} - 2 = \dfrac{8 - 2(a_n + 2)}{a_n + 2}$$

$$= \dfrac{-2a_n + 4}{a_n + 2} = \dfrac{-2(a_n - 2)}{a_n + 2}$$

> $\lim_{n \to \infty} a_n = \alpha$ が存在するとしたら，
> $\lim_{n \to \infty} a_{n+1} = \alpha$ より，
> $n \to \infty$ のとき，
> $a_{n+1} a_n + 2a_{n+1} - 8 = 0$ ……①は，
> $\alpha^2 + 2\alpha - 8 = 0$
> $(\alpha - 2)(\alpha + 4) = 0$
> $\therefore \underline{\alpha = 2} \quad (\because \alpha \geqq 1)$
> これが犯人だね。

よって，$a_{n+1} - 2 = -\dfrac{2(a_n - 2)}{a_n + 2}$ の両辺の

絶対値をとって，

これが r を作る材料

$$|a_{n+1} - 2| = \left| -\dfrac{2(a_n - 2)}{a_n + 2} \right| = \underbrace{\dfrac{2}{a_n + 2}}|a_n - 2| \leqq \dfrac{2}{1 + 2}|a_n - 2| \text{ となる。}$$

$1 \leqq a_n \leqq \dfrac{8}{3}$ より，$a_n = 1$ のとき，この分数は最大となる。

$\therefore |a_{n+1} - 2| \leqq \dfrac{2}{3}|a_n - 2|$ より，

$$\left[F(n+1) \leqq \dfrac{2}{3} \cdot F(n) \right]$$

アッという間！

$$|a_n - 2| \leqq |\overset{\overset{1}{\shortparallel}}{a_1} - 2| \cdot \left(\dfrac{2}{3} \right)^{n-1}$$

$$\left[F(n) \leqq F(1) \cdot \left(\dfrac{2}{3} \right)^{n-1} \right]$$

$\therefore |a_n - 2| \leqq \left(\dfrac{2}{3} \right)^{n-1}$ ……③ が成り立つ。…………(終)

よって，$0 \leqq \lim_{n \to \infty} |a_n - 2| \leqq \lim_{n \to \infty} \left(\dfrac{2}{3} \right)^{n-1} = 0$ より，

⇦ はさみ打ちの原理だね。

はさみ打ちの原理を用いて，

$\lim_{n \to \infty} |a_n - 2| = 0 \quad \therefore \lim_{n \to \infty} a_n = 2$ である。……………(答)

講義 5 ● 数列の極限　公式エッセンス

1. $\lim\limits_{n \to \infty} r^n$ の極限の公式

$$\lim_{n \to \infty} r^n = \begin{cases} 0 & (-1 < r < 1 \text{ のとき}) \\ 1 & (r = 1 \text{ のとき}) \\ \text{発散} & (r \leqq -1,\ 1 < r \text{ のとき}) \end{cases}$$

> $r < -1,\ 1 < r \text{ のとき,}$
> $\lim\limits_{n \to \infty} \left(\dfrac{1}{r}\right)^n = 0$
> $\left(\because -1 < \dfrac{1}{r} < 1\right)$

2. 2つのタイプの無限級数の和

（Ⅰ）無限等比級数の和

$$\sum_{k=1}^{\infty} ar^{k-1} = a + ar + ar^2 + \cdots = \frac{\overbrace{a}^{初項}}{1 - \underbrace{r}_{公比}} \quad (\text{収束条件} : -1 < r < 1)$$

（Ⅱ）部分分数分解型

（ⅰ）まず，部分和 S_n を求める。 ← 部分分数分解型

$$S_n = \sum_{k=1}^{n} (I_k - I_{k+1}) = I_1 - I_{n+1}$$

（ⅱ）次に，$n \to \infty$ として，無限級数の和を求める。

$$\lim_{n \to \infty} S_n = \lim_{n \to \infty} (I_1 - I_{n+1})$$

3. 等比関数列型の漸化式

$F(n+1) = r \cdot F(n)$ のとき
$F(n) = F(1) \cdot r^{n-1}$

$$\left[\begin{array}{l} (ex)\ a_{n+1} - 2 = 3(a_n - 2) \text{ のとき} \\ a_n - 2 = (a_1 - 2) \cdot 3^{n-1} \end{array} \right]$$

4. 一般項 a_n が求まらない場合の $\lim\limits_{n \to \infty} a_n$ の問題

$|a_{n+1} - \alpha| \leqq r|a_n - \alpha|$ $\overbrace{}^{F(n+1) \leqq rF(n)}$ $(0 < r < 1)$ のとき，

$|a_n - \alpha| \leqq |a_1 - \alpha| \cdot r^{n-1}$ ← $F(n) \leqq F(1) \cdot r^{n-1}$

$\therefore\ 0 \leqq |a_n - \alpha| \leqq |a_1 - \alpha| \cdot r^{n-1}$

$n \to \infty$ のとき，

$0 \leqq \lim\limits_{n \to \infty} |a_n - \alpha| \leqq \lim\limits_{n \to \infty} |a_1 - \alpha| \overset{0}{\overbrace{r^{n-1}}} = 0$

よって，はさみ打ちの原理より，

$\lim\limits_{n \to \infty} |a_n - \alpha| = 0 \quad \therefore\ \lim\limits_{n \to \infty} a_n = \alpha$

> $|a_{n+1} - \alpha| \leqq r|a_n - \alpha|$ より，
> $|a_n - \alpha| \leqq r|a_{n-1} - \alpha|$
> $\leqq r^2|a_{n-2} - \alpha|$
> $\leqq r^3|a_{n-3} - \alpha|$
> $\cdots\cdots\cdots\cdots\cdots$
> $\leqq r^{n-1}|a_1 - \alpha|$
> となるからね。

Term・Index

スバラシクよくわかると評判の
合格！数学 III・C Part1
新課程

マセマ

著　者　馬場 敬之　高杉 豊
発行者　馬場 敬之
発行所　マセマ出版社
〒 332-0023 埼玉県川口市飯塚 3-7-21-502
TEL 048-253-1734　　FAX 048-253-1729
Email：info@mathema.jp
https://www.mathema.jp

編　集　山﨑 晃平	令和 5 年 3 月 13 日　初版発行
校閲・校正　清代 芳生　秋野 麻里子　馬場 貴史	
制作協力　久池井 茂　久池井 努　印藤 治	
滝本 隆　栄 瑠璃子　真下 久志	
間宮 栄二　町田 朱美	
カバーデザイン　児玉 篤　児玉 則子	
ロゴデザイン　馬場 利貞	
印刷所　中央精版印刷株式会社	

ISBN978-4-86615-290-5 C7041